Open Source Good Governance Handbuch

Version: 1.0

Inhaltsverzeichnis

1 Einleitung

In diesem Dokument wird eine Methodik zur Vorstellung einer professionellen Verwaltung von Open-Source-Software in einer Organisation vorgestellt. Es befasst sich mit der Notwendigkeit, Open-Source-Software richtig und fair zu nutzen, das Unternehmen vor technischen und rechtlichen Bedrohungen und der des geistigen Eigentums zu schützen und die Vorteile von Open Source zu maximieren. Unabhängig davon, wo eine Organisation bei diesen Themen steht, bietet dieses Dokument Anleitungen und Ideen, um voranzukommen und Ihre Reise zu einem Erfolg zu machen.

1.1 Kontext

Die meisten großen Endnutzer und Systemintegratoren verwenden bereits Freie und Open-Source-Software (FOSS) entweder in ihren Informationssystemen oder in ihren Produkt- und Dienstleistungsbereichen. Die Einhaltung von Open-Source-Richtlinien ist zu einem immer wichtigeren Thema geworden und viele große Unternehmen haben Compliance-Beauftragte eingesetzt. Während jedoch die Klärung der Open-Source-Produktionskette eines Unternehmens - worum es bei der Einhaltung der Compliance geht - von grundlegender Bedeutung ist, *müssen* die Nutzer der Gemeinschaft etwas zurückgeben und zur Nachhaltigkeit des Open-Source-Ökosystems beitragen. Unserer Ansicht nach umfasst die Open-Source-Verwaltung das gesamte Ökosystem, die Zusammenarbeit mit lokalen Gemeinschaften, die Pflege einer gesunden Beziehung zu Open-Source-Anbietern von Open-Source-Software und Dienstleistungsspezialisten. Dies hebt die Einhaltung auf die nächste Stufe und ist, worum es bei einer *guten* Open-Source-Verwaltung geht.

Diese Initiative geht über Compliance und Haftung hinaus. Es geht um den Aufbau von Wissen in Gemeinschaften von Endnutzern (oft selbst Softwareentwickler) und Systemintegratoren, sowie um die Entwicklung von für beide Seiten vorteilhaften Beziehungen innerhalb des europäischen FOSS-Ökosystems.

OSS Good Governance ermöglicht es Organisationen aller Art -- kleinen und großen Unternehmen, Stadtverwaltungen, Universitäten, Verbänden, usw. -- die Vorteile von Open Source zu maximieren, indem sie hilft, Menschen, Prozesse, Technologie und Strategie aufeinander abzustimmen. In diesem Bereich, der Maximierung der Vorteile von Open Source, sind insbesondere in Europa alle noch dabei, zu lernen und Neuerungen einzuführen, ohne dass jemand weiß, wo er eigentlich bezüglich des Stands der Technik in diesem Bereich steht.

Diese Initiative hat zum Ziel Organisationen zu helfen, diese Ziele zu erreichen über:

- Einen strukturierten Katalog von **Aktivitäten**, einen Fahrplan für die Einrichtung einer professionellen Verwaltung von Open Source-Software.

- Ein **Verwaltungswerkzeug** zum Definieren, Überwachen, Berichten und Kommunizieren über dem Fortschritt,

- Ein **klarer und umsetzbarer Verbesserungsweg** mit kleinen, erschwinglichen Schritten zur Risikominderung, zur Schulung von Mitarbeitern, zur Anpassung von Prozessen und zur Kommunikation nach innerhalb und außerhalb der Organisation.

- **Leitfaden** und eine Reihe von **ausgewählten Referenzen** über Open-Source-Lizenzierung, bewährte Verfahren, Schulungen und das Engagement im Ökosystem, um das Open-Source-Bewusstsein und die -Kultur zu fördern, internes Wissen zu konsolidieren und Führung zu erweitern.

Dieser Leitfaden wurde unter Berücksichtigung der folgenden Anforderungen entwickelt:

- Alle Arten von Organisationen werden abgedeckt: von KMUs bis zu großen Unternehmen und gemeinnützigen Organisationen, von lokalen Behörden (z. B. Stadtverwaltungen) bis zu großen Institutionen (z. B. europäische oder staatliche Einrichtungen). Der Rahmen bietet Bausteine für eine Strategie und Hinweise für deren Umsetzung, aber *wie* die Aktivitäten durchgeführt werden, hängt ganz vom Programmkontext ab und liegt in der Verantwortung des Programmmanagers. Es kann sich als hilfreich erweisen, Beratungsdienste in Anspruch zu nehmen und sich mit Gleichgesinnten auszutauschen.

- Es werden keine Annahmen über das Niveau der technischen Kenntnisse innerhalb der Organisation oder des Tätigkeitsbereichs gemacht. Einige Organisationen müssen beispielsweise einen kompletten Lehrplan aufstellen, während andere den Teams lediglich Ad-hoc-Materialien vorschlagen.

Einige Aktivitäten werden nicht für alle Situationen relevant sein, aber der gesamte Rahmen bietet dennoch einen umfassenden Fahrplan und ebnet den Weg für maßgeschneiderte Strategien.

1.2 Über die Good Governance Initiative

Bei OW2 ist eine Initiative eine gemeinsame Anstrengung, um Bedürfnisse des Marktes zu decken. OW2 schlägt einen methodischen Rahmen vor, um eine professionelle Verwaltung von Open-Source-Software in Organisationen einzuführen.

Die Good Governance Initiative basiert auf einem umfassenden Modell, das sich an der bekannten Hierarchie der menschlichen Bedürfnisse und Motivationen von Abraham Maslow orientiert, wie die folgende Abbildung zeigt.

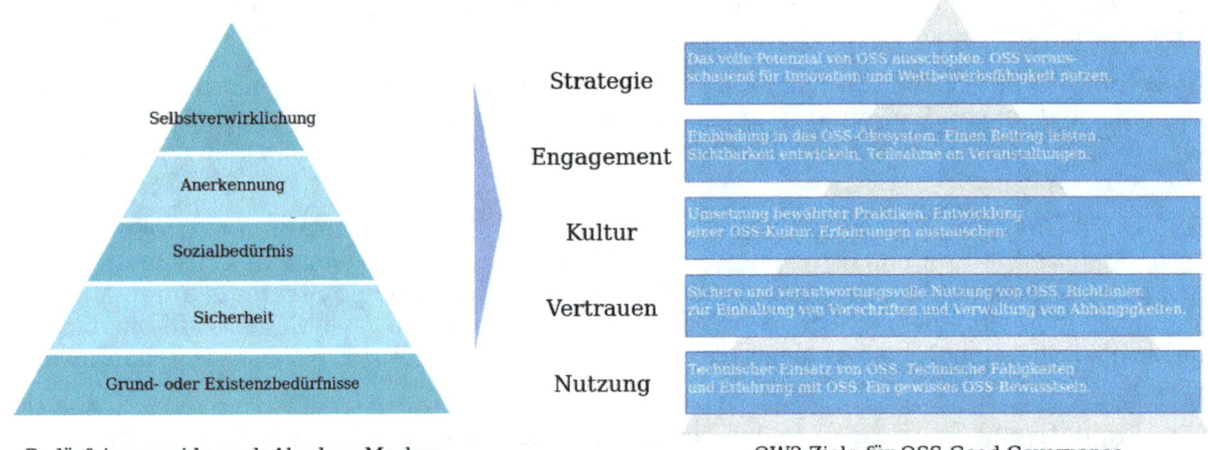

Bedürfnispyramide nach Abraham Maslow   OW2-Ziele für OSS Good Governance

Die Good Governance Initiative liefert durch Ideen, Leitlinien und Aktivitäten eine Vorlage für die Einführung von Organisationseinheiten, die mit der professionellen Verwaltung von Open-Source-Software betraut sind, was auch als OSPO (Open Source Program Offices) bezeichnet wird. Die Methodik ist auch ein Verwaltungssystem für die Festlegung von Prioritäten, die Überwachung und den Austausch von Fortschritten.

Bei der Umsetzung der OSS Good Governance-Methodik werden die Organisationen ihre Fähigkeiten in verschiedenen Bereichen verbessern, u. a:

- **einsetzen** von Open-Source-Software, richtig und sicher im Unternehmen, um die Wiederverwendung und Wartbarkeit von Software sowie die Geschwindigkeit der Softwareentwicklung zu verbessern;

- **mindern** der rechtlichen und technischen Risiken im Zusammenhang mit externem Code und externer Zusammenarbeit;

- **ermitteln** der erforderlichen Schulungen für die Teams, von den Entwicklern bis zu den Teamleitern und Managern, damit alle die gleiche Vorstellung haben;

- **priorisieren** von Zielen und Aktivitäten, um eine effiziente Open-Source-Strategie zu entwickeln;

- **kommunizieren** auf effiziente Weise, innerhalb des Unternehmens und nach außen, um die Open-Source-Strategie optimal zu nutzen;

- **verbessern** der Wettbewerbsfähigkeit und Attraktivität des Unternehmens für Top-Talente im Bereich Open Source.

1.3 Über die OSPO Alliance

Die **OSPO Alliance** wurde von einer Koalition führender europäischer Open Source Non-Profit-Organisationen ins Leben gerufen, darunter OW2, Eclipse Foundation, OpenForum Europe und Foundation for Public Code, mit dem Ziel, das Bewusstsein für Open Source in Europa und weltweit zu stärken und die strukturierte und professionelle Verwaltung von Open Source durch Unternehmen und Verwaltungen zu fördern.

Während sich die OW2 OSS Good Governance-Initiative auf die Entwicklung einer Verwaltungs-methodik konzentriert, verfolgt die OSPO Alliance das weiter gefasste Ziel, Unternehmen, ins-besondere in nicht-technologischen Sektoren, und öffentlichen Einrichtungen dabei zu helfen, Open Source zu entdecken und zu verstehen, in ihren Aktivitäten davon zu profitieren und ihre eigenen OSPOs zu beherbergen.

Die OSPO Alliance hat die Website **OSPO.Zone** eingerichtet, die unter https://ospo.zone ge-hostet wird. Basierend auf der OW2 Good Governance Initiative ist OSPO.Zone ein Repository für umfassende Ressourcen für Unternehmen, öffentliche Einrichtungen, Forschungs- und aka-demische Organisationen. OSPO.Zone ermöglicht es der Allianz, mit OSPOs in ganz Europa und der Welt sowie mit unterstützenden Community-Organisationen in Kontakt zu treten. Die OSPO.Zone fördert bewährte Verfahren und leistet einen Beitrag zur Nachhaltigkeit des Open-Source-Ökosystems. Auf der Website OSPO.Zone (https://ospo.zone) finden Sie einen schnellen Überblick über ergänzende Rahmenwerke für bewährte IT-Managementverfahren.

Die Website OSPO Zone (https://ospo.zone) ist auch der Ort, an dem wir Rückmeldungen über die Initiative und ihren Inhalt (z. B. Aktivitäten, Wissensbestand) von der gesamten Gemeinschaft sammeln.

1.4 Beitragende

Die folgenden tollen Leute haben zur Good Governance Initiative beigetragen:

- Frédéric Aatz (Microsoft France)
- Boris Baldassari (Castalia Solutions, Eclipse Foundation)
- Philippe Bareille (Ville de Paris)
- Gaël Blondelle (Eclipse Foundation)
- Vicky Brasseur (Wipro)
- Philippe Carré (Nokia)
- Pierre-Yves Gibello (OW2)
- Michael Jaeger (Siemens)
- Max Mehl (Free Software Foundation Europe)
- Hervé Pacault (Orange)
- Stefano Pampaloni (RIOS)
- Christian Paterson (OpenUp)
- Simon Phipps (Meshed Insights)
- Silvério Santos (Orange Business Services)

                                        6

- Cédric Thomas, our master of ceremony (OW2)
- Nicolas Toussaint (Orange Business Services)

Übersetzung (Deutsch) von Silvério Santos und Sabine Santos.

1.5 Lizenz

Dieses Werk ist lizenziert unter der Creative Commons Attribution 4.0 International (https://creativecommons.org/licenses/by/4.0/) Lizenz (CC-BY 4.0). Aus der Creative Commons-Webseite:

Sie dürfen:

- Teilen — das Material in jedwedem Format oder Medium vervielfältigen und weiterverbreiten
- Bearbeiten — das Material remixen, verändern und darauf aufbauen

und zwar für beliebige Zwecke, sogar kommerziell

Sie müssen angemessene Urheber- und Rechteangaben machen, einen Link zur Lizenz beifügen und angeben, ob Änderungen vorgenommen wurden. Diese Angaben dürfen in jeder angemessenen Art und Weise gemacht werden, allerdings nicht so, dass der Eindruck entsteht, der Lizenzgeber unterstütze gerade Sie oder Ihre Nutzung besonders. (Quelle: https://creativecommons.org/licenses/by/4.0/deed.de)

Jeder Inhalt ist unter Copyright: 2020-2021 OW2 & Teilnehmer der Good Governance Initiative.

2 Organisation

2.1 Fachwortschatz

Die OSS Good Governance Methodikvorlage ist auf vier Schlüsselkonzepte aufgebaut: Ziele, Anerkannte Aktivitäten, Angepasste Aktivitäts-Scorecards und Iteration.

- **Ziele**: Ein Ziel ist eine Reihe von Aktivitäten, die mit einem gemeinsamen Anliegen verbunden sind. Es gibt fünf Ziele: Verwendungsziel, Vertrauensziel, Kulturziel, Engagementziel und Strategieziel. Ziele können unabhängig voneinander und parallel erreicht und durch Aktivitäten iterativ verfeinert werden.

- **Anerkannte Aktivitäten**: Innerhalb eines Ziels befasst sich eine Aktivität mit einem einzelnen Anliegen oder Entwicklungsthema, wie z. B. die Verwaltung der Einhaltung von Rechtsvorschriften, das als inkrementeller Schritt zur Erreichung der Programmziele verwendet werden kann. Der vollständige Satz von Aktivitäten, wie er von der GGI definiert wurde, wird als anerkannte Aktivitäten bezeichnet.

- **Angepasste Aktivitäts-Scorecard (CAS)**: Um GGI in einer bestimmten Organisation umzusetzen, müssen die anerkannten Aktivitäten an die Besonderheiten des Kontexts angepasst werden, so dass eine Reihe von angepassten Aktivitäts-Scorecards erstellt werden. Die angepasste Aktivitäts-Scorecard beschreibt, wie die Aktivität im Kontext der Organisation umgesetzt wird und wie der Fortschritt überwacht wird.

- **Iteration**: Die OSS Good Governance ist ein Managementsystem und erfordert als solches eine regelmäßige Bewertung, Überprüfung und Überarbeitung. Denken Sie an das Buchhaltungssystem in einer Organisation, es ist ein fortlaufender Prozess mit mindestens einem jährlichen Kontrollpunkt, der Bilanz; in gleicher Weise erfordert der OSS-Good-Governance-Prozess mindestens eine jährliche Überprüfung, allerdings können die Überprüfungen je nach den Aktivitäten seltener oder häufiger erfolgen.

2.2 Ziele

Die von der GGI definierten anerkannten Aktivitäten sind in Ziele gegliedert. Jedes Ziel befasst sich mit einem bestimmten Bereich des Fortschritts innerhalb des Prozesses. Von der Nutzung bis zur Strategie decken die Ziele Themen ab, die alle Interessengruppen betreffen, von den Entwicklungsteams bis hin zur Vorstandsebene.

- **Verwendungsziel**: Dieses Ziel umfasst die grundlegenden Schritte bei der Verwendung von Open-Source-Software. Die Aktivitäten im Zusammenhang mit dem ”Verwendungsziel” decken die ersten Schritte eines Open-Source-Programms ab, indem ermittelt wird, wie effizient Open Source verwendet wird und was es der Organisation bringt. Dazu gehören Schulungen und Wissensmanagement, die Erstellung von Verzeichnissen der bereits im Unternehmen verwendeten Open-Source-Software und die Vorstellung einiger Open-Source-Konzepte, die während des gesamten Prozesses genutzt werden können.

- **Vertrauensziel**: Bei diesem Ziel geht es um die sichere Verwendung von Open Source. Das ”Vertrauensziel” befasst sich mit der Einhaltung von Gesetzen, dem Management von Abhängigkeiten und Schwachstellen und zielt allgemein darauf ab, Vertrauen in die Art und Weise zu schaffen, wie die Organisation Open Source verwendet und verwaltet.

- **Kulturziel**: Das kulturelle Ziel umfasst Aktivitäten, die darauf abzielen, dass sich Teams mit Open Source wohlfühlen, sich individuell an gemeinschaftlichen Aktivitäten beteiligen und bewährte Open-Source-Verfahren verstehen und umsetzen. Dieses Ziel fördert das Gefühl der Zugehörigkeit zur Open-Source-Community bei den Einzelnen.

- **Engagementziel**: Dieses Ziel besteht darin, sich auf Unternehmensebene für das Open-Source-Ökosystem zu engagieren. Es werden personelle und finanzielle Ressourcen bereitgestellt, um einen Beitrag zu Open-Source-Projekten zu leisten. Damit bekräftigt das Unternehmen, dass es ein verantwortungsbewusster ”Open-Source-Citizen” ist und erkennt

                    8

seine Verantwortung an, die Nachhaltigkeit des Open-Source-Ökosystems zu gewährleisten.

- **Strategieziel**: Bei diesem Ziel geht es darum, Open Source auf den höchsten Ebenen der Unternehmensführung sichtbar und akzeptabel zu machen. Es geht darum, anzuerkennen, dass Open Source ein strategischer Wegbereiter für digitale Souveränität, Prozessinnovation und ganz allgemein eine Quelle der Attraktivität und des guten Willens ist.

2.3 Anerkannte Aktivitäten

Die Anerkannten Aktivitäten stehen im Mittelpunkt der Vorlage der GGI. In ihrer ursprünglichen Version sieht die GGI-Methodik fünf Anerkannte Aktivitäten pro Ziel vor, also insgesamt 25. Die Anerkannten Aktivitäten werden anhand der folgenden vordefinierten Abschnitte beschrieben:

- *Beschreibung*: eine Zusammenfassung des Themas, das die Aktivität behandelt und die Schritte zu deren Abschluß.

- *Gelegenheitsbeurteilung*: beschreibt, warum und wann es maßgeblich ist, diese Aktivität umzusetzen.

- *Fortschrittsbeurteilung*: beschreibt, wie der Fortschritt der Aktivität messbar ist und dessen Erfolg beurteilt wird.

- *Werkzeuge*: eine Liste der Technologien und Werkzeuge, die helfen diese Aktivität umzusetzen.

- *Empfehlungen*: von den GGI Teilnehmern gesammelte Tipps und bewährte Verfahren.

- *Hilfsmittel*: Verknüpfungen und Verweise, um mehr über das Thema zu lesen, das durch die Aktivität abgedeckt wird.

Beschreibung

Dieser Abschnitt enthält eine allgemeine Beschreibung der Aktivität, eine Zusammenfassung des Themas, um den Zweck der Aktivität im Kontext des Open-Source-Ansatzes im Rahmen eines Ziels festzulegen.

Gelegenheitsbeurteilung

Um den iterativen Ansatz zu strukturieren, gibt es zu jeder Aktivität einen Abschnitt "Gelegenheitsbewertung", dem eine oder mehrere Fragen beigefügt sind. Die Gelegenheitsbewertung konzentriert sich auf die Frage, warum es wichtig ist, diese Aktivität durchzuführen und welche Bedürfnisse sie behandelt. Die Bewertung der Gelegenheit hilft bei der Definition des erwarteten Aufwands und der benötigten Ressourcen sowie bei der Bewertung der Kosten und der erwarteten Amortisierung.

Fortschrittsbeurteilung

Dieser Schritt konzentriert sich auf die Festlegung von Zielen, Leitungskennzahlen und auf die Bereitstellung von *Überprüfungspunkten*, die helfen, den Fortschritt der Aktivität zu bewerten. Kontrollpunkte werden vorgeschlagen, sie können dazu beitragen, einen Fahrplan für den Good-Governance-Prozess, seine Prioritäten und die Messung der Fortschritte festzulegen.

Werkzeuge

Hier sind Werkzeuge aufgelistet, die bei der Durchführung der Aktivität oder eines bestimmten Schrittes der Aktivitäten helfen können. Die Tools stellen keine verbindlichen Empfehlungen dar und erheben auch keinen Anspruch auf Vollständigkeit, sondern sind Vorschläge oder Kategorien, die auf der Grundlage des bestehenden Kontexts ausgearbeitet werden können.

Empfehlungen

Dieser Abschnitt wird regelmäßig mit den Rückmeldungen der Benutzer auf den neuesten Stand gebracht und jede Art von Empfehlung kann bei der Verwaltung der Aktivität helfen.

Hilfsmittel

Es werden Hilfsmittel vorgeschlagen, um den Ansatz mit Hintergrundstudien, Referenzdokumenten, Veranstaltungen oder Online-Inhalten zu bereichern und den entsprechenden Ansatz für die Aktivität zu entwickeln. Die Hilfsmittelaufzählung ist nicht erschöpfend, sie ist Ausgangspunkt oder Vorschlag, um die Bedeutung der Aktivität je nach eigenem Kontext zu erweitern.

2.4 Angepasste Aktivitäts-Scorecard

Angepasste Aktivitäts-Scorecards (CAS) sind leicht ausführlicher als Anerkannte Aktivitäten. Eine CAS enthält Einzelheiten, die zielgerichtet für die Organisation sind, die GGI umsetzen. Wie die CAS verwendet wird ist im Methodologie-Abschnitt beschrieben.

2.5 Iteration

Iteration gehört auch zum Methodologie-Abschnitt.

3 Methodologie

Die Umsetzung der OSS-Good-Governance-Methodik ist letztlich eine konsequente und wirkungsvolle Initiative. Sie betrifft mehrere Kategorien von Mitarbeitern, Diensten und Prozessen im Unternehmen, von alltäglichen Praktiken bis zur Personalverwaltung und von Entwicklern bis zu Führungskräften. Es gibt kein Patentrezept für die Umsetzung von Open-Source-Good-Governance. Unterschiedliche Organisationstypen, Unternehmenskulturen und -situationen erfordern unterschiedliche Ansätze für die Open-Source-Verwaltung. Für jede Organisation gibt es unterschiedliche Zwänge und Erwartungen, die zu unterschiedlichen Wegen und Arten der Verwaltung des Programms führen.

Vor diesem Hintergrund bietet die Good-Governance-Initiative eine allgemeine Vorlage von Aktivitäten, die auf den Geschäftsbereich, die Kultur und die Anforderungen einer Organisation zugeschnitten werden können. Obwohl die Vorlage den Anspruch erhebt, umfassend zu sein, kann die Methodik schrittweise umgesetzt werden. Es ist möglich, das Programm zu starten, indem man einfach die maßgeblichen Ziele und Aktivitäten für den eigenen Kontext auswählt. Die Idee besteht darin, einen ersten Entwurf eines Fahrplans zu erstellen, der den Aufbau der lokalen Initiative unterstützt.

Neben diesem Rahmen empfehlen wir auch dringend, über ein etabliertes Netzwerk wie die europäische Initiative OSPO Alliance (https://ospo.zone) oder andere gleichgesinnte Initiativen aus der TODO-Gruppe oder OSPO++ mit Gleichgesinnten in Kontakt zu treten. Wichtig ist, dass man sich mit Menschen austauschen kann, die eine ähnliche Initiative betreiben und dass man sich über die aufgetretenen Probleme und die vorhandenen Lösungen austauschen kann.

3.1 Die Kulisse bereiten

In Anbetracht der ehrgeizigen Ziele der Good-Governance-Methodik und ihrer potenziell breiten Wirkung ist es wichtig, mit einer Vielzahl von Personen innerhalb einer Organisation zu kommunizieren. Es wäre sinnvoll, sie einzubinden, um eine erste Reihe realistischer Erwartungen und Anforderungen festzulegen, um einen guten Start zu haben und Interesse und Unterstützung zu gewinnen. Eine gute Idee ist, die angepassten Aktivitäts-Scorecards auf der Kooperationsplattform der Organisation zu veröffentlichen, damit sie für die Kommunikation mit den Interessenvertretern genutzt werden können. Einige Hinweise:

- Ermitteln Sie die wichtigsten Interessengruppen und bringen Sie sie dazu, sich auf eine Reihe von Hauptzielen zu einigen. Beziehen Sie sie in den Erfolg der Initiative als Teil ihrer eigenen Pläne ein.

- Holen Sie sich die anfängliche Zustimmung, vereinbaren Sie die Schritte und das Tempo und vereinbaren Sie regelmäßige Überprüfungen, um sie über die Fortschritte zu informieren.

- Stellen Sie sicher, dass verstanden wird, was erreicht werden kann und was dazu gehört: Die erwarteten Verbesserungen sollten klar und die Ergebnisse sichtbar sein.

- Erstellung einer ersten Diagnose oder einer Bestandsaufnahme der Open-Source-Technologie in der Bewerberorganisation. Ergebnis: ein Dokument, das beschreibt, was dieses Programm erreichen wird, wo die Organisation gerade ist und wohin sie will.

3.2 Angepasste Aktivitäts-Scorecard verwenden

Eine Angepasste Aktivitäts-Scorecard ist ein Formular, das eine Anerkannte Aktivität beschreibt, die auf die Besonderheiten einer Organisation zugeschnitten ist. Zusammengenommen stellt das Deck der Customised Activity Scorecards den Fahrplan für die Verwaltung von Open-Source-Software dar.

Bitte beachten Sie, dass nach ersten Erfahrungen mit der Methodik die Anpassung einer Anerkannten Aktivität an die unternehmensspezifische angepasste Scorecard bis zu einer Stunde dauert.

Die Angepasste Aktivitäts-Scorecard enthält die folgenden Abschnitte:

- **Bestimmung des Titels** Nehmen Sie sich zunächst ein paar Minuten Zeit, um ein Verständnis dafür zu entwickeln, worum es bei der Aktivität geht, welche Bedeutung sie hat und wie sie sich in Ihre gesamte OSS-Verwaltung einfügen kann.

- **Angepasste Beschreibung** Passen Sie die Aktivität an die Gegebenheiten der Organisation an, Anpassung des Geltungsbereichs. Definieren Sie den Umfang der Aktivität, den speziellen Anwendungsfall, den Sie behandeln werden.

- **Gelegenheitsbeurteilung** Erläutern Sie, warum es wichtig ist, diese Aktivität durchzuführen und welche Bedürfnisse sie anspricht. Was sind unsere Probleme? Welche Möglichkeiten gibt es, Fortschritte zu erzielen? Was kann gewonnen werden?

- **Ziele** Definieren Sie einige wichtige Ziele für die Aktivität. Schwachstellen, die behoben werden sollen, Fortschrittsmöglichkeiten, Wünsche. Stellen Sie Schlüsselaufgaben fest und was wir in dieser Iteration erreichen wollen.

- **Werkzeuge** Technologien, Werkzeuge und Produkte, die in der Aktivität verwendet werden.

- **Betriebliche Hinweise** Angaben zu Ansatz, Methode und Strategie für den Fortschritt in dieser Aktivität.

- **Schlüsselergebnisse** Definieren Sie messbare, überprüfbare zu erwartende Ergebnisse. Wählen Sie Ergebnisse, die den Fortschritt im Hinblick auf die Ziele anzeigen. Geben Sie hier Leistungskennzahlen an.

- **Fortschritt und Ergebnis** Der Fortschritt ist die Abschlussrate des Ergebnisses in %; Ergebnis ist die persönliche Erfolgsquote.

- **Persönliche Beurteilung** Für jedes Ergebnis können Sie eine kurze Erklärung hinzufügen und Ihre persönliche Zufriedenheit in der Punktzahl ausdrücken.

- **Zeitplan** Geben Sie Start- und Enddaten, Phasenaufgaben, kritische Schritte, Zwischenziele an.

- **Aufwand** Bewerten Sie die angeforderten zeitlichen und materiellen Mittel, interne und externe. Wie hoch ist der erwartete Aufwand? Wie viel wird er kosten? Welche Hilfsmittel benötigen wir?

- **Beauftragte** Sagen Sie, wer teilnimmt. Weisen Sie Aufgaben oder die Leitung der Aktivität und Verantwortlichkeiten zu.

- **Probleme** Identifizieren Sie Schlüsselfragen, voraussichtliche Schwierigkeiten, Risiken, Hindernisse, Unwägbarkeiten, wichtige Punkte und kritische Abhängigkeiten.

- **Zustand** Schreiben Sie hier eine zusammenfassende Bewertung, wie die Aktivität verläuft: gesund, verspätet, etc.

- **Gesamtfortschrittsbewertung** Ihre eigene übergeordnete, verwaltungsorientierte, zusammenfassende Fortschrittsbewertung der Aktivität.

3.3 Iterieren

Als moderne Software-Praktiker mögen wir agil-ähnliche Methoden, die kleine und sichere Inkremente definieren, da es gute Sitte ist, die Situation regelmäßig neu zu bewerten und sinnvolle minimale Zwischenergebnisse zu liefern.

Im Umfeld eines laufenden OSPO-Programms ist dies von großer Bedeutung, da sich viele Nebenaspekte im Laufe der Zeit ändern werden, von der Organisationsstrategie und der Reaktion auf Open Source bis hin zur Verfügbarkeit und dem Einsatz der Mitarbeiter. Regelmäßige

Neubewertungen und Wiederholungen ermöglichen auch eine Anpassung an die laufende Programmakzeptanz, eine bessere Verfolgung aktueller Trends und Möglichkeiten sowie kleine, zunehmende Vorteile für die Beteiligten und die Organisation als Ganzes.

Im besten Fall kann die Methodik in den folgenden fünf Abschnitten umgesetzt werden:

1. **Entdeckung** Verstehen von Schlüsselkonzepten, Übernahme von Verantwortung für die Methodik, Angleichung der Ziele und Erwartungen.

2. **Anpassung** Anpassung der Tätigkeitsbeschreibung und Gelegenheitsbeurteilung an die Besonderheiten der Organisation.

3. **Priorisierung** Ermittlung von Zielen und Schlüsselergebnissen, Aufgaben und Werkzeugen, Planung von Zwischenzielen und Erstellung eines Zeitplans.

4. **Aktivierung** Fertigstellung der Scorecard, Budgets, Zuweisungen, Beschreiben der Aufgaben in der Problemverwaltung.

5. **Iteration** Bewertung und Einstufung der Ergebnisse, Hervorhebung von Problemen, Verbesserung, Anpassen. Iterieren Sie jedes Quartal oder Semester.

Die erste Iteration des Programms vorbereiten:

- Festlegung einer ersten Reihe von Aufgaben, an denen gearbeitet werden soll und Festlegung von Prioritäten entsprechend des Bedarfs (Abweichungen vom gewünschten Zustand) und des Zeitplans. Ergebnis: eine Liste von Aufgaben, an denen während der Iteration gearbeitet werden soll.

- Definieren Sie eine Reihe von Anforderungen und Verbesserungsbereichen, teilen Sie diese den Interessengruppen und Endnutzern mit und holen Sie deren Zustimmung oder Engagement ein.

- Füllen Sie die Scorecards zur Fortschrittskontrolle aus. Eine Vorlage für eine Scorecard kann aus dem GGI-Repository (https://gitlab.ow2.org/ggi/ggi/-/tree/main/resources/) heruntergeladen werden

Führen Sie am Ende jeder Iteration eine Retrospektive durch und bereiten Sie sich auf die nächste Iteration vor:

- Teilen Sie die letzten Verbesserungen mit.

- Beurteilen Sie, wo Sie sind, ob die angestrebten Aufgaben abgeschlossen sind und verfeinern Sie den Fahrplan entsprechend.

- Überprüfen Sie die verbleibenden Schwachstellen und bitten Sie bei Bedarf andere Akteure oder Dienste um Hilfe, falls erforderlich.

- Neupriorisierung der Aufgaben entsprechend dem erneuerten Umfeld.

- Definieren Sie eine neue Untermenge von Aufgaben, die ausgeführt werden sollen.

3.4 Genießen

Teilen Sie Ihren Erfolg mit und genießen die Erleichterung durch eine hochmoderne Open-Source-Strategie!

Die OSS Good Governance ist eine Methode zur Umsetzung eines Programms zur kontinuierlichen Verbesserung und ist als solche nie abgeschlossen. Dennoch ist es wichtig, Zwischenschritte hervorzuheben und die sich daraus ergebenden Veränderungen zu würdigen, um Fortschritte sichtbar zu machen und die Ergebnisse zu teilen.

- Kommunikation mit Interessengruppen und Endnutzern, um sie über die Vorteile und den Nutzen, den die Initiative mit sich bringt, zu informieren.

                                13

- Förderung der Nachhaltigkeit des Programms. Sicherstellen, dass die bewährten Verfahren und die aus dem Programm gezogenen Lehren stets angewendet und aktualisiert werden.

- Teilen Sie Ihre Erfahrungen mit Gleichgesinnten: Geben Sie der GGI-Arbeitsgruppe und innerhalb Ihrer OSPO-Gemeinschaft Rückmeldung und teilen Sie Ihren Ansatz mit ihnen.

4 Verwendungsziel-Aktivitäten

4.1 Verzeichnis der Open-Source-Kompetenzen und -Mittel

Verknüpfung zum GitLab-Ticket: https://gitlab.ow2.org/ggi/ggi-castalia/-/issues/17.

Beschreibung

In jeder Phase ist es aus der Sicht des Managements nützlich, eine Zuordnung, ein Verzeichnis der Open-Source-Mittel, der Anlagen, der Nutzung und ihres Zustands sowie des möglichen Bedarfs und der verfügbaren Lösungen zu erstellen. Dazu gehört auch die Bewertung des erforderlichen Aufwands und der Fähigkeiten, um die Lücke zu schließen.

Diese Aktivität zielt darauf ab, eine Momentaufnahme der Open-Source-Situation innerhalb in der Organisation und auf dem Markt aufzunehmen und die Brücke zwischen beiden zu beurteilen.

- Bestandsaufnahme der OSS-Nutzung in der Software-Entwicklungskette sowie in den Softwareprodukten und -komponenten, die in der Produktion verwendet werden.

- Stellen Sie Open-Source-Technologien (Lösungen, Rahmen, innovative Funktionen) fest, die Ihren Bedürfnissen entsprechen und zur Verbesserung Ihres Prozesses beitragen könnten.

Nicht enthalten

- Identifizieren und qualifizieren Sie verwandte OSS-Ökosysteme und -Gemeinschaften. (Kulturziel)

- Feststellung von Abhängigkeiten von OSS-Bibliotheken und -Komponenten. (Vertrauensziel)

- Ermittlung der erforderlichen technischen (z. B. Sprachen, Rahmen, ...) und sozialen (z. B. Zusammenarbeit, Kommunikation) benötigt werden. (gehört zu den nächsten Aktivitäten: OSS-Kompetenzentwicklung und Open-Source-Softwareentwicklungsfähigkeiten)

Gelegenheitsbeurteilung

Eine Bestandsaufnahme der verfügbaren Open-Source-Mittel, die zur Optimierung der Investitionen zu optimieren und Prioritäten bei der Kompetenzentwicklung zu setzen.

Diese Tätigkeit schafft die Voraussetzungen für eine Verbesserung der Entwicklungsproduktivität angesichts der Effizienz und Popularität von OSS-Komponenten, Entwicklungsprinzipien und -werkzeugen, insbesondere bei der Entwicklung moderner Anwendungen und Infrastrukturen.

- Dies kann eine Vereinfachung des Portfolios an OSS-Mitteln erfordern.

- Dies kann eine Umschulung des Personals erfordern.

- Dies ermöglicht die Feststellung von Bedürfnissen und fließt in Ihren IT-Fahrplan ein.

Fortschrittsbeurteilung

Die folgenden **Kontrollpunkte** zeigen den Fortschritt in dieser Aktivität:

- ☐ Es gibt eine umsetzbare Liste von OSS-Ressourcen "Wir nutzen", "Wir integrieren", "Wir produzieren", "Wir hosten" und die zugehörigen Fähigkeiten

- ☐ Wir sind dabei, die Effizienz durch den Einsatz modernster Methoden und Werkzeuge zu verbessern

　　　　

☐ Wir haben OSS-Mittel identifiziert, die bisher nicht berücksichtigt wurden (die sich möglicherweise eingeschlichen haben und haben wir Bestandteile, um eine Regelung in diesem Bereich zu bestimmen?)

☐ Wir fordern neue Projekte auf, bestehende OSS-Mittel zu übernehmen oder wiederzuverwenden. (Kulturziel?)

☐ Wir haben eine einigermaßen sichere Vorstellung und ein Verständnis für den Umfang der OSS Nutzung in unserer Organisation

Werkzeuge

Es gibt viele verschiedene Möglichkeiten, ein solches Verzeichnis zu erstellen. Eine Möglichkeit wäre OSS-Ressourcen in vier Arten einzuteilen:

- OSS, die wir verwenden: Software, die wir entweder in der Produktion oder in der Entwicklung einsetzen

- OSS, die wir integrieren: zum Beispiel OSS-Bibliotheken, die wir in eine maßgeschneiderte Anwendung integrieren

- OSS, die wir herstellen: zum Beispiel eine Bibliothek, die wir auf GitHub veröffentlicht haben, oder ein OSS-Projekt, das wir entwickeln oder zu dem wir regelmäßig beitragen.

- OSS, die wir hosten: OSS, die wir betreiben, um einen internen Dienst wie CRM, GitLab, nexus, usw. anzubieten. Eine Beispieltabelle würde wie folgt aussehen:

Wir verwenden	Wir integrieren	Wir stellen her	Wir hosten	Fähigkeiten
Firefox, OpenOffice, Postgresql	Bibliothek slf4j	Bibliothek YY auf GH	GitLab, Nexus	Java, Python

Die gleiche Feststellung sollte für Fähigkeiten gelten

- Fähigkeiten und Erfahrungen durch die vorhandenen Teams

- Fähigkeiten und Erfahrungen die intern entwickelt oder erworben werden können (Schulung, Beratung, Ausprobieren)

- Fähigkeiten und Erfahrungen, die auf dem Markt oder durch Partnerschaften / Verträge gesucht werden müssen

Empfehlungen

- Halten Sie alles einfach.

- Es handelt sich um eine vergleichsweise anspruchsvolle Übung, nicht um eine detaillierte Bestandsaufnahme für die Buchhaltungsabteilung.

- Diese Aktivität ist zwar ein guter Ausgangspunkt, muss aber nicht zu 100 % abgeschlossen sein, bevor Sie mit anderen Aktivitäten beginnen.

- Behandeln Sie Fragen, Ressourcen und Fähigkeiten im Zusammenhang mit **Softwareentwicklung** in Aktivität #42.

- Das Verzeichnis sollte alle Bereiche der IT abdecken: Betriebssysteme, Middlewares, DBMS, Systemadministration, Entwicklungs- und Testwerkzeuge, usw.

- Beginnen Sie damit, verwandte Gemeinschaften ausfindig zu machen: Es ist einfacher, Unterstützung und Rückmeldung für das Projekt zu erhalten, wenn man Sie bereits kennt.

Hilfsmittel

- Einen hervorragenden Lehrgang auf Free (/Libre), and Open Source Software (FOSS) (ht
  tps://profriehle.com/open-courses/free-and-open-source-software), von Professor Dirk
  Riehle.

4.2 Steigerung der Open-Source-Kompetenz

Verknüpfung zum GitLab-Ticket: https://gitlab.ow2.org/ggi/ggi-castalia/-/issues/18.

Beschreibung

Bei dieser Aktivität geht es um die Planung und den Aufbau von technischen Fähigkeiten und
ersten Erfahrungen mit OSS, nachdem eine Bestandsaufnahme durchgeführt wurde (#17). Es
ist auch die Gelegenheit, mit der Erstellung eines grundlegenden, einfachen Fahrplans für die
Entwicklung von Fähigkeiten zu beginnen.

- Feststellen welche Fähigkeiten und Schulungen benötigt werden.

- Führen Sie ein Pilotprojekt durch, um den Ansatz in Gang zu setzen, aus der Praxis zu
  lernen und ein erstes Zwischenziel zu erreichen.

- Nutzen Sie die gewonnenen Erkenntnisse und bauen Sie einen Wissensschatz auf.

- Beginnen Sie damit, die nächsten Schritte für eine breitere Einführung festzulegen und zu
  beschreiben.

- Erarbeiten Sie eine Strategie für die nächsten Monate oder für ein Jahr, um Verwaltungs-
  und finanzielle Unterstützung zu gewinnen.

Tätigkeitsumfang:

- Linux, Apache, Debian, Verwaltungsfähigkeiten.

- Open-Source-Datenbanken (MariaDB, MySQL, PostgreSQL, etc.).

- Open-Source-Virtualisierung und Cloud-Technologien.

- LAMP-Stack und dessen Alternativen.

Gelegenheitsbeurteilung

Wie jede Informationstechnologie bringt Open Source Neuerungen mit sich, wahrscheinlich sogar noch mehr. Open Source wächst schnell und verändert sich rasch. Es erfordert, dass Organisationen auf dem Laufenden bleiben.

Diese Aktivität hilft dabei, Bereiche zu ermitteln, in denen Schulungen den Mitarbeitern helfen
könnten, effizienter zu werden und sich sicherer im Umgang mit Open Source zu fühlen. Sie
hilft, Entscheidungen zur Mitarbeiterentwicklung zu treffen. Die Vermittlung grundlegender
Open-Source-Kenntnisse bietet die Möglichkeit, diese zu bewerten:

- Erweiterung der IT-Lösungen mit bestehenden Markttechnologien, die vom Ökosystem entwickelt wurden.

- Entwicklung neuer Arten der Zusammenarbeit innerhalb und außerhalb der Organisation.

- Erwerb von Fähigkeiten in neuen und innovativen Technologien.

Fortschrittsbeurteilung

Die folgenden **Kontrollpunkte** zeigen den Fortschritt in dieser Aktivität:

- ☐ Es wird eine Fähigkeitsmatrix entwickelt.

☐ Der Umfang der verwendeten OSS-Technologien wird vorsorglich festgelegt, z.B. um eine unkontrollierte Nutzung von OSS-Technologien zu vermeiden.

☐ Für diese Technologien wird ein ausreichendes Maß an Fachwissen erworben.

☐ Teams haben eine "Open Source-Grundlagen"-Schulung für den Einstieg erhalten.

Werkzeuge

Ein wichtiges Werkzeug hierfür ist die so genannte Aktivitäts- (oder Fähigkeits-) Matrix (oder Zuordnung).

Diese Aktivität kann von folgenden Personen durchgeführt werden:

- Nutzung von Online-Anleitungen (viele davon sind kostenlos im Internet verfügbar),

- Teilnahme an Entwicklertreffen,

- Anbieterschulungen erhalten, usw.

Empfehlungen

- Die sichere und leistungsfähige Nutzung und Entwicklung von Open-Source-Teilen erfordert eine offene, gemeinschaftliche Denkweise, die sowohl von oben (Verwaltung) als auch von unten (Entwickler) anerkannt und vermittelt werden muss.

- Stellen Sie sicher, dass der Ansatz aktiv von der Geschäftsleitung unterstützt und gefördert wird. Ohne das Bekenntnis der Hierarchie wird nichts geschehen.

- Beziehen Sie die Menschen (Entwickler, Interessenvertreter) in den Vorgang ein: Organisieren Sie runde Tische und hören Sie sich Ideen an.

- Geben Sie den Mitarbeitern Zeit und Mittel, um diese neuen Ansätze zu entdecken, auszuprobieren und damit zu spielen. Wenn möglich sollte es Spaß machen - Gamification und Belohnungen sind gute Anreize.

Ein Pilotprojekt mit den folgenden Schritten könnte als Beschleuniger dienen:

- Bestimmen Sie die Technologie oder den Rahmen, mit dem Sie beginnen möchten.

- Finden Sie Online-Schulungen, Anleitungen und Beispielcode zum Experimentieren.

- Erstellen Sie einen Prototyp der endgültigen Lösung.

- Finden Sie Fachleute, die Sie bei der Umsetzung herausfordern und beraten.

Hilfsmittel

- What is a Competency Matrix (https://blog.kenjo.io/what-is-a-competency-matrix): eine schnelle Lektüre zur Einführung.

- How to Make a Skills Matrix for your Team (http://www.managersresourcehandbook.com/download/Skills-Matrix-Template.pdf): eine Vorlage mit Kommentaren.

- MOOC on Free (libre) culture (https://librecours.net/parcours/upload-lc000/) (French Only): dies ist ein 6-teiliger Kurs über die freie Kultur, Einführung ins Urheberrecht, geistiges Eigentum, Open-Source-Lizenzierung

4.3   Open-Source-Überwachung

Verknüpfung zum GitLab-Ticket: https://gitlab.ow2.org/ggi/ggi-castalia/-/issues/19.

Beschreibung

Bei dieser Tätigkeit geht es darum, die Nutzung von Open Source zu überwachen und sicherzustellen, dass Open-Source-Software vorausschauend verwaltet wird. Dies betrifft mehrere Blickwinkel, sei es die Verwendung von OSS-Werkzeugen und Geschäftslösungen oder OSS als Bestandteile in eigene Entwicklungen einzubeziehen oder eine Version einer Software zu ändern und an die eigenen Bedürfnisse anzupassen, usw. Es geht auch um die Ermittlung von Bereichen, in denen Open Source zu einer (manchmal verdeckten) De-facto-Lösung geworden ist und die Bewertung ihrer Eignung.

Es kann notwendig sein, folgendes zu klären:

- Wird die erforderliche Leistung erbracht?

- Gibt es zusätzliche Leistungen, die nicht benötigt werden, aber die Unübersichtlichkeit in der BUILD- und RUN-Phase erhöhen?

- Was verlangt die Lizenz, was sind die rechtlichen Einschränkungen?

- Inwieweit macht die Entscheidung Ihr Unternehmen unabhängig von den Lieferanten?

- Gibt es eine Support-Option, die auf die Bedürfnisse Ihres Unternehmens zugeschnitten ist und wie viel kostet sie?

- TCO (Total Cost of Ownership, Gesamtbetriebskosten).

- Kennt das Management die Vorteile von Open Source, z. B. über die Einsparung von Lizenzkosten hinaus? Wenn man mit Open Source vertraut ist, kann man den größtmöglichen Nutzen aus der Zusammenarbeit mit Projektgemeinschaften und Anbietern ziehen.

- Prüfen Sie, ob es sinnvoll ist, die Entwicklungskosten zu teilen, indem Sie Ihre Entwicklungen der Gemeinschaft zur Verfügung stellen, mit allen damit verbundenen Konsequenzen, wie z. B. der Einhaltung von Lizenzen.

- Prüfen Sie die Verfügbarkeit von Community- oder professioneller Unterstützung.

Gelegenheitsbeurteilung

Die Festlegung eines speziell auf Open Source ausgerichteten Entscheidungsprozesses ist eine Art, die Vorteile von Open Source zu maximieren.

- Er vermeidet die unkontrollierte schleichende Nutzung und die versteckten Kosten von OSS-Technologien.

- Er führt zu informierten und OSS-bewussten strategischen und organisatorischen Entscheidungen.

Kosten: Die Aktivität kann eine unzureichende De-facto-Nutzung von Open Source als unwirtschaftlich, gefährlich usw. in Frage stellen und neu überdenken.

Fortschrittsbeurteilung

Die folgenden **Kontrollpunkte** zeigen den Fortschritt in dieser Aktivität:

- ☐ OSS ist zu einer bequemen Möglichkeit geworden, wenn die Entscheidung für OSS nicht als Ausnahme oder gefährliche Wahl gesehen wird.

- ☐ OSS ist zum "Mainstream" geworden.

- ☐ Die Schlüsselpersonen sind hinreichend davon überzeugt, dass die Open-Source-Lösung strategische Vorteile bietet, die eine Investition wert sind.

- ☐ Es kann nachgewiesen werden, dass die TCO der auf Open Source basierenden Lösung für Ihr Unternehmen einen höheren Wert als die Alternative bietet.

　　　　　　　19

- ☐ Es gibt eine Bewertung, wie die Unabhängigkeit von Anbietern Geld spart oder in Zukunft sparen kann.

- ☐ Es gibt eine Bewertung, dass die Unabhängigkeit der Lösung das Risiko reduziert, dass eine Änderung der Lösung zu teuer wird (keine geschlossenen Datenformate möglich).

Werkzeuge

Zum jetzigen Zeitpunkt können wir uns kein Werkzeug vorstellen, das für diese Tätigkeit von Bedeutung oder von ihr betroffen ist.

Empfehlungen

- Ein vorausschauendes Verwaltungshandeln beim Einsatz von Open Source erfordert ein grundlegendes Bewusstsein und Verständnis der Open-Source-Grundlagen, da diese bei jeder OSS-Entscheidung berücksichtigt werden sollten.

- Vergleichen Sie die benötigten Leistungen, anstatt nach einer Alternative für eine bekannte Closed-Source-Lösung zu suchen.

- Stellen Sie sicher, dass es Unterstützung und Weiterentwicklung gibt.

- Bedenken Sie die Auswirkungen der Lizenz der Lösung auf Ihr Unternehmen.

- Überzeugen Sie alle wichtigen Akteure von den Vorteilen von Open Source, die über die "Einsparung von Lizenzkosten" hinausgehen.

- Seien Sie ehrlich, übertreiben Sie die Wirkung der Open-Source-Lösung nicht.

- Bei der Entscheidungsfindung ist es ebenso wichtig, verschiedene Open-Source-Lösungen zu bewerten, um Enttäuschungen aufgrund falscher Erwartungen zu vermeiden, um deutlich zu machen, was die Organisation tun muss und welche Vorteile die Offenheit der Lösungen mit sich bringt. Diese müssen aufgezeigt werden, damit die Organisation sie für das eigene Umfeld bewerten kann.

Hilfsmittel

- Top 5 Benefits of Open Source (https://www.openlogic.com/blog/top-5-benefits-open-source-software): Gesponserter Blog, aber trotzdem interessant und schnell zu lesen.

- Weighing The Hidden Costs Of Open Source (https://www.itjungle.com/2021/02/15/weighing-the-hidden-costs-of-open-source/): eine von IBM gesponserte Untersuchung der OSS-Unterstützungskosten.

4.4 Geschäftliche Open-Source-Software

Verknüpfung zum GitLab-Ticket: https://gitlab.ow2.org/ggi/ggi-castalia/-/issues/20.

Beschreibung

Bei dieser Aktivität geht es um die vorausschauende Auswahl von OSS-Lösungen, die entweder von Anbietern oder von der Gemeinschaft unterstützt werden, in geschäftsorientierten Bereichen. Sie kann auch die Festlegung von Vorzugsrichtlinien für die Auswahl von Open-Source-Anwendungssoftware für Unternehmen umfassen.

Während Open-Source-Software am häufigsten von IT-Fachleuten verwendet wird - Betriebssysteme, Middleware, DBMS, Systemverwaltung, Entwicklungswerkzeuge - ist sie in Bereichen, in denen Geschäftsleute die Hauptanwender sind, noch nicht anerkannt.

Die Aktivität betrifft Bereiche wie: Office-Suiten, Umgebungen für die Zusammenarbeit, Benutzerverwaltung, Workflow-Management Verwaltung von Arbeitsabläufen, Verwaltung von Kundenbeziehungen, E-Mail, elektronischer Geschäftsverkehr, usw.

Gelegenheitsbeurteilung

In dem Maße, in dem Open Source zum Regelfall wird, reicht es weit über Betriebssysteme und Entwicklungswerkzeuge hinaus und findet zunehmend seinen Weg in den oberen Schichten der Informationssysteme, bis hin zu den Geschäftsanwendungen. Es ist wichtig zu ermitteln, welche OSS-Anwendungen erfolgreich eingesetzt werden, um die Anforderungen des Unternehmens zu erfüllen und wie sie zur bevorzugten Wahl eines Unternehmens werden können, um Kosten zu sparen.

Die Maßnahme kann Umschulungs- und Umstellungskosten mit sich bringen.

Fortschrittsbeurteilung

Die folgenden **Kontrollpunkte** zeigen den Fortschritt in dieser Aktivität:

- ☐ Es gibt eine Liste von empfohlenen OSS-Lösungen, um anstehende Bedürfnisse bei Geschäftsanwendungen zu erfüllen.

- ☐ Es wurde eine Vorzugsregelung für die Auswahl von quelloffener Geschäftsanwendungssoftware ausgearbeitet.

- ☐ Proprietäre Geschäftsanwendungen werden im Vergleich zu OSS-Entsprechungen bewertet.

- ☐ Im Beschaffungsprozess und in Ausschreibungen wird Open-Source-Lösungen der Vorzug gegeben (sofern rechtlich möglich).

Werkzeuge

Werkzeuge für die Entwicklung von Software und Geschäftsanwendungen?

Zum jetzigen Zeitpunkt können wir uns kein Werkzeug vorstellen, das für diese Tätigkeit von Bedeutung oder von ihr betroffen ist.

Empfehlungen

- Sprechen Sie mit Kollegen, lernen Sie von dem, was andere Unternehmen, die mit Ihrem vergleichbar sind, tun.

- Besuchen Sie lokale Branchenveranstaltungen, um sich über OSS-Lösungen und professionelle Unterstützung zu informieren.

- Testen Sie zunächst Community-Editionen und Community-Unterstützung, bevor Sie sich für kostenpflichtige Unterstützungspakete entscheiden.

Hilfsmittel

- What is enterprise open source? (https://www.redhat.com/en/blog/what-enterprise-open-source): Eine kurze Lektüre über unternehmenstaugliche Open-Source-Lösungen.

- 101 Open Source Apps to Help your Business Thrive (https://digital.com/creating-an-llc/open-source-business/): Eine unverbindliche Liste von geschäftsorientierten Open-Source-Lösungen.

4.5   Verwalten von Fähigkeiten und Mitteln zur Entwicklung von Open-Source-Software

Verknüpfung zum GitLab-Ticket: https://gitlab.ow2.org/ggi/ggi-castalia/-/issues/42.

Beschreibung

Diese Aktivität konzentriert sich auf Fähigkeiten und Mittel der **Softwareentwicklung**. Sie umfasst die Technologien und besonderen Entwicklungsfähigkeiten der Entwickler sowie die allgemeinen Entwicklungsprozesse, Verfahren und Werkzeuge.

Für Open-Source-Technologien gibt es eine große Zahl an Beschreibungen, Foren und Diskussionen, die sich aus dem Ökosystem ergeben sowie öffentliche Hilfsmittel. Um in vollem Umfang aus ihrem Open-Source-Ansatz Nutzen zu ziehen, muss man einen Fahrplan mit den aktuellen Beständen und den gewünschten Zielen aufstellen, um ein einheitliches Programm für Entwicklungsfähigkeiten, Verfahren und Werkzeugen innerhalb der Teams.

Anwendungsbereiche   Es muss festgelegt werden, in welchen Bereichen das Programm eingesetzt werden soll und wie es die Qualität und Leistungsfähigkeit des Codes und der Verfahren verbessern wird. So wird das Programm beispielsweise nicht den gleichen Nutzen haben, wenn nur ein einziger Entwickler an Open-Source-Teilen arbeitet oder wenn der gesamte Entwicklungszyklus so optimiert wird, dass er bewährte Open-Source-Praktiken einschließt.

Man muss den Bereich bestimmen, der für die Open-Source-Entwicklung in Frage kommt: technische Teile, Anwendungen, Modernisierungen oder Neuentwicklungen. Beispiele für Entwicklungsverfahren, die von Open Source profitieren können, sind:

- Cloud Verwaltung,
- Cloud-native Anwendungen, wie man mit diesen Technologien innovativ sein kann,
- DevOps, kontinuierliche Integration / kontinuierliche Bereitstellung.

Kategorien

- Erforderliche Fähigkeiten und Hilfsmittel für die Entwicklung von Open-Source-Software: geistiges Eigentum, Lizenzierung, Praktiken.
- Erforderliche Fähigkeiten und Hilfsmittel für die Entwicklung von Software mit Open-Source-Komponenten, -Sprachen und -Technologien.
- Erforderliche Fähigkeiten und Hilfsmittel für den Einsatz von Open-Source-Verfahren und -Abläufen.

Gelegenheitsbeurteilung

Open-Source-Werkzeuge werden bei Entwicklern immer beliebter. Diese Aktivität befasst sich mit der Notwendigkeit, die Verbreitung von verschiedenartigen Werkzeugen innerhalb einer Entwicklungsgruppe zu vermeiden. Sie hilft bei der Festlegung einer Vorgehensweise in diesem Bereich. Sie hilft bei der Optimierung von Ausbildung und Erfahrungsaufbau. Ein Fähigkeitenverzeichnis wird für die Einstellung, Schulung und Nachfolgeplanung verwendet, für den Fall, dass ein wichtiger Mitarbeiter das Unternehmen verlässt.

Wir bräuchten eine Methodik für die Zuordnung von Fähigkeiten in der Open-Source-Softwareentwicklung.

Fortschrittsbeurteilung

Die folgenden **Kontrollpunkte** zeigen den Fortschritt in dieser Aktivität:

- ☐ Es gibt eine Beschreibung der Herstellungskette von Open Source (die "Software-Lieferkette").

- ☐ Es gibt einen Plan (oder eine Wunschliste) für die Straffung der Entwicklungsressourcen.

- ☐ Es gibt ein Fähigkeitenverzeichnis, das die Fähigkeiten, die Ausbildung und die Erfahrung der derzeitigen Entwickler zusammenfasst.

- ☐ Es gibt eine Wunschliste für Schulungen und ein Programm zur Behebung von Fähigkeitslücken

- ☐ Es gibt eine Liste fehlender bewährter Verfahren für die Open-Source-Entwicklung und einen Plan zu deren Anwendung.

Empfehlungen

- Beginnen Sie mit einfachen Mitteln und bauen Sie die Untersuchung und den Fahrplan kontinuierlich aus.

- Legen Sie bei der Einstellung den Schwerpunkt auf Open-Source-Fähigkeiten und -Erfahrungen. Es ist immer einfacher, wenn die Leute bereits einen Open-Source-Hintergrund haben, als sie zu schulen und zu betreuen.

- Prüfen Sie Schulungsprogramme von Softwareanbietern und Open-Source-Schulen.

Hilfsmittel

Weitere Informationen:

- Ein Einführung in what is a Skills Inventory? (https://managementisajourney.com/management-toolbox-better-decision-making-with-a-skills-inventory) von Robert Tanner.

- Ein Artikel über Open Source Fähigkeiten: 5 Open Source Skills to Up Your Game and Your Resume (https://sourceforge.net/blog/5-open-source-skills-game-resume/)

Diese Aktivität kann technische Hilfsmittel und Fähigkeiten einschließen, wie z.B.:

- **Beliebte Sprachen** (wie etwa Java, PHP, Perl, Python),

- **Open-Source-Frameworks** (Spring, AngularJS, Symfony) and Testhilfsmittel,

- **Entwicklungsmethoden und bewährte Verfahren** für Agile, DevOps und Open Source.

Zugehörige Aktivitäten:

- (Kulturziel) Personalsichtweise (https://gitlab.ow2.org/ggi/ggi-castalia/-/issues/28)

5 Vertrauensziel-Aktivitäten

5.1 Einhaltung von Rechtsvorschriften verwalten

Verknüpfung zum GitLab-Ticket: https://gitlab.ow2.org/ggi/ggi-castalia/-/issues/21.

Beschreibung

Organisationen müssen ein Verfahren zur Einhaltung von Rechtsvorschriften einführen, um ihre Nutzung und Teilnahme an Open-Source-Projekten zu sichern.

Es geht um eine ausgereifte und professionelle Verwaltung der Einhaltung von Rechtsvorschriften im Unternehmen und in der gesamten Lieferkette:

- Durchführung einer gründlichen Analyse des geistigen Eigentums, die die Bestimmung von Lizenzen und die Prüfung der Kompatibilität umfasst.

- Sicherstellung, dass die Organisation Open-Source-Komponenten als Teil ihrer Produkte oder Dienstleistungen sicher nutzen, integrieren, verändern und weitergeben kann.

- Bereitstellung eines transparenten Verfahrens für Mitarbeiter und Auftragnehmer, wie sie Open-Source-Software erstellen und zu ihr beitragen können.

Software-Kompositionsanalyse (SCA): Ein großer Teil der rechtlichen Probleme und der des geistigen Eigentums ergeben sich aus der Verwendung von Komponenten, die unter Lizenzen freigegeben wurden, die entweder untereinander nicht kompatibel sind oder mit der Art und Weise, wie das Unternehmen die Komponenten verwenden und weitergeben möchte, nicht vereinbar sind. SCA ist der erste Schritt, um diese Probleme zu lösen, denn "man muss das Problem kennen, um es zu lösen". Der Prozess besteht darin, alle an einem Projekt beteiligten Komponenten in einem Stücklistendokument (Bill of Material) zu bestimmen, einschließlich der Build- und Test-Abhängigkeiten.

Lizenzprüfung: Bei der Lizenzprüfung wird ein Tool eingesetzt, das die Codebasis automatisch analysiert und die darin enthaltenen Lizenzen und Urheberrechte. Wird dieser Prozess regelmäßig durchgeführt und idealerweise in kontinuierliche Build- und Integrationsketten integriert, können können IP-Probleme frühzeitig erkannt werden.

Gelegenheitsbeurteilung

Mit dem zunehmenden Einsatz von OSS in den Informationssystemen eines Unternehmens ist es unerlässlich, die potenziellen rechtlichen Risiken zu bewerten und zu verwalten.

Die Überprüfung von Lizenzen und Urheberrechten kann jedoch kompliziert und kostspielig sein. Die Entwickler müssen in der Lage sein, geistige Eigentums- und rechtliche Fragen schnell zu prüfen. Ein Team und ein Unternehmensbeauftragter, die sich mit Fragen des geistigen Eigentums und Rechtsfragen befassen, gewährleisten eine vorausschauende und einheitliche Verwaltung von Rechtsfragen, hilft bei der Sicherung der Nutzung von Open-Source-Komponenten und Beiträgen und bietet eine klare strategische Aussicht.

Fortschrittsbeurteilung

Die folgenden **Kontrollpunkte** zeigen den Fortschritt in dieser Aktivität:

- ☐ Es gibt ein einfach zu bedienendes Verfahren zur Lizenzprüfung für Projekte.

- ☐ Es gibt ein einfach zu bedienendes Verfahren zur Überprüfung von geistigem Eigentum für Projekte.

- ☐ Es gibt ein Team oder eine Person, die in der Organisation für die Einhaltung der Rechtsvorschriften verantwortlich ist.

☐ Regelmäßige Prüfungen zur Bewertung der Einhaltung von Rechtsvorschriften sind geplant.

Andere Arten der Einrichtung von Prüfpunkten:

☐ Es gibt ein einfach zu handhabendes Verfahren zur Lizenzprüfung.

☐ Es gibt ein einfach einsetzbares Team für Fragen des Rechts und des geistigen Eigentums, wie in Aktivität #13.

☐ Alle Projekte stellen die erforderlichen Informationen zur Verfügung, damit Personen das Projekt nutzen und zu ihm beitragen können.

☐ Es gibt einen Ansprechpartner im Team für Fragen zu geistigem Eigentum und Lizenzen.

☐ Es gibt einen Beauftragten im Unternehmen, der sich mit geistigem Eigentum und Lizenzen befasst.

☐ Es gibt ein besonderes Team für Fragen im Zusammenhang mit geistigem Eigentum und Lizenzen.

Werkzeuge

- ScanCode (https://scancode-toolkit.readthedocs.io)
- Fossology (https://www.fossology.org/)
- SW360 (https://www.eclipse.org/sw360/)
- Fossa (https://github.com/fossas/fossa-cli)
- OSS Review Toolkit (https://oss-review-toolkit.org)

Empfehlungen

- Informieren Sie über die Risiken, wenn die Lizenzierung im Konflikt mit den Unternehmenszielen steht.
- Schlagen Sie eine einfache Lösung für Projekte vor, um die Lizenzprüfung in ihrer Codebasis einzurichten.
- Informieren Sie über deren Bedeutung und helfen Sie den Projekten, sie in ihre CI-Systeme einzubauen.
- Stellen Sie eine Vorlage oder offizielle Richtlinien für die Projektstruktur bereit.
- Richten Sie automatische Kontrollen ein, um sicherzustellen, dass alle Projekte die Richtlinien einhalten.
- Erwägen Sie die Durchführung eines internen Prüfverfahrens zur Ermittlung von Lizenzen der Unternehmensinfrastruktur.
- Grundlegende Schulungen zu geistigem Eigentum und Lizenzierung für mindestens eine Person pro Team anbieten.
- Bieten Sie eine vollständige Schulung zum Thema geistiges Eigentum und Lizenzierung für den Beauftragten an.
- Einrichtung eines Verfahrens zur Eskalation von Problemen mit geistigem Eigentum und Lizenzen an den Beauftragten.

Denken Sie daran, dass es bei der Einhaltung von Rechtsvorschriften nicht nur um Recht geht, sondern auch um geistiges Eigentum. Deshalb hier ein paar Fragen zum Verständnis der Folgen der Einhaltung von Rechtsvorschriften:

- Wenn ich eine Open-Source-Komponente verteile und die Lizenzbedingungen nicht einhalte, verstoße ich gegen die Lizenz --> rechtliche Konsequenzen.

- Wenn ich eine Open-Source-Komponente in einem Projekt verwende, das ich verbreiten/veröffentlichen möchte, kann diese Lizenz dazu verpflichten, Teile des Codes sichtbar zu machen, die ich nicht als Open Source zur Verfügung stellen möchte --> Auswirkungen auf die Vertraulichkeit und taktischen Vorteil meines Unternehmens und gegenüber Dritten (rechtliche Auswirkungen).

- Es ist eine offene Diskussion darüber, ob die Verwendung einer Open-Source-Lizenz für ein Projekt, das ich veröffentlichen möchte, wichtiges geistiges Eigentum gewährt --> Auswirkungen auf das geistige Eigentum.

- Wenn ich ein Projekt *vor* einem Patentverfahren zu Open Source mache, schließt das wahrscheinlich die Entstehung von Patenten für das Projekt aus --> Auswirkung auf das geistige Eigentum.

- Wenn ich ein Projekt *nach* einem Patentverfahren zu Open Source mache, ermöglicht dies wahrscheinlich die Erstellung von (defensiven) Patenten für dieses Projekt --> Potential für geistiges Eigentum.

- Bei komplexen Projekten, die viele Teile mit vielen Abhängigkeiten beinhalten, kann die Vielzahl der Open-Source-Lizenzen zu Inkompatibilitäten zwischen den Lizenzen führen --> rechtliche Implikationen (vgl. Ticket #23).

Hilfsmittel

- Es gibt eine umfangreiche Liste von Hilfsmitteln auf der [Existing OSS compliance group page](https://oss-compliance-tooling.org/Tooling-Landscape/OSS-Based-licence-Compliance-Tools/).

- Recommended Open Source Compliance Practices for the enterprise (https://www.ibrahimatlinux.com/wp-content/uploads/2022/01/recommended-oss-compliance-practices.pdf). Ein Buch von Ibrahim Haddad, von der Linux Foundation, über Open-Source-Compliance-Praktiken für Unternehmen.

- OpenChain Project (https://www.openchainproject.org/)

5.2 Verwalten von Softwareschwachstellen

Verknüpfung zum GitLab-Ticket: https://gitlab.ow2.org/ggi/ggi-castalia/-/issues/22.

Beschreibung

Der eigene Code ist so sicher wie sein unsicherster Teil. Jüngste Fälle (z.B. Heartbleed[1], Equifax[2]) haben gezeigt, wie wichtig es ist, Schwachstellen in Teilen des Codes zu prüfen, die nicht direkt vom Unternehmen entwickelt wurden. Die Folgen der Schwachstellen reichen von Datenlecks (mit enormen Auswirkungen auf den Ruf) über Ransomware-Angriffen und der das Geschäft bedrohenden Nichtverfügbarkeit von Diensten.

Open-Source-Software ist dafür bekannt, dass sie ein besseres Schwachstellenmanagement aufweist als proprietäre Software, vor allem aus folgenden Gründen:

- Das Mehr-Augen-Prinzip hilft Probleme in offenem Code und Prozessen zu finden und zu beheben.

---

[1] https://fr.wikipedia.org/wiki/Heartbleed
[2] https://arstechnica.com/information-technology/2017/09/massive-equifax-breach-caused-by-failure-to-patch-two-month-old-bug/

- Open-Source-Projekte beheben Schwachstellen und veröffentlichen Patches und neue Versionen viel schneller.

So ergab eine Studie von WhiteSource über proprietäre Software, dass für 95 % der in ihren Open-Source-Komponenten gefundenen Schwachstellen zum Zeitpunkt der Analyse bereits eine Lösung gefunden worden war. Es geht also darum, Schwachstellen **sowohl in der Codebasis als auch in deren Abhängigkeiten besser zu verwalten**, unabhängig davon, ob es sich um geschlossene oder Open-Source-Software handelt.

Um diese Risiken zu entschärfen, muss ein Programm zur Bewertung der Softwareausstattung und ein regelmäßig durchgeführter Prozess zur Überprüfung der Schwachstellen eingerichtet werden. Setzen Sie Werkzeuge ein, die betroffene Teams warnen, bekannte Schwachstellen verwalten und Bedrohungen durch Software-Abhängigkeiten verhindern.

Gelegenheitsbeurteilung

Jedes Unternehmen, das Software einsetzt, muss die Schwachstellen beobachten in:

- seiner Infrastruktur (z.B. Cloud-Infrastruktur, Netzwerkinfrastruktur, Datenspeicher),
- seine Geschäftsanwendungen (HR, CRM-Werkzeuge, interne und kundenbezogene Datenverwaltung),
- seinen internen Code: z. B. die Website des Unternehmens, interne Entwicklungsprojekte, usw.
- und alle direkten und indirekten Abhängigkeiten von Software und Dienstleistungen.

Der Investitionsertrag (ROI) von Schwachstellen ist kaum bekannt, bis etwas Schlimmes passiert. Man muss die Folgen einer größeren Datenpanne oder der Nichtverfügbarkeit von Diensten berücksichtigen, um die wahren Kosten von Sicherheitslücken abzuschätzen.

Ebenso muss eine Kultur der Geheimhaltung und des Versteckens von sicherheitsrelevanten Problemen innerhalb des Unternehmens um jeden Preis vermieden werden. Stattdessen müssen Informationen über den Stand der Schwachstellen ausgetauscht und diskutiert werden, um die besten Antworten von den richtigen Leuten zu finden, von den Entwicklern bis zu den Führungskräften.

Die Vorbeugung von Cyberangriffen durch eine sorgfältige Verwaltung von Softwareschwachstellen hat zahlreiche Vorteile:

- Vermeidung von Risiken der Rufschädigung,
- Vermeidung von Verlusten durch Ausbeutung (DDoS, Ransomware, Zeit für den Wiederaufbau eines alternativen IT-Systems nach einem Angriff),
- Einhaltung von Datenschutzbestimmungen.

Die Verwaltung von OSS-Software-Schwachstellen ist nur ein Teil des umfassenderen Cybersicherheitsprozesses, der sich ganzheitlich mit der Sicherheit der Systeme und Dienste im Unternehmen befasst.

Fortschrittsbeurteilung

Es sollte eine Person oder ein Team geben, die für die Überwachung von Schwachstellen zuständig ist und die Entwickler sollten sich auf einfach zu handhabende Prozesse verlassen können. Die Bewertung von Schwachstellen ist ein gängiger Bestandteil des kontinuierlichen Integrationsprozesses und die Mitarbeiter sind in der Lage, den aktuellen Risikostatus in einem speziellen Dashboard zu überwachen.

Die folgenden **Kontrollpunkte** zeigen den Fortschritt in dieser Aktivität:

☐ Die Tätigkeit ist abgedeckt, wenn die gesamte firmeneigene Software und die Dienste auf bekannte Schwachstellen geprüft und überwacht werden.

☐ Die Aktivität ist abgedeckt, wenn ein spezielles Werkzeug und ein Prozess in der Software-Produktionskette implementiert sind, um die Einbringung von Problemen in die täglichen Entwicklungsabläufe zu verhindern.

☐ Eine Person oder ein Team ist für die Bewertung des Risikos von CVEs/Schwachstellen im Hinblick auf die Gefährdung verantwortlich.

☐ Eine Person oder ein Team ist für die Weitergabe von CVE-/Schwachstelleninformationen an die betroffenen Personen (SysOps, DevOps, Entwickler usw.) verantwortlich.

Werkzeuge

- GitHub-Werkzeuge

  - GitHub bietet Richtlinien und Werkzeuge zur Sicherung von auf der Plattform gehostetem Code. Siehe GitHub-Dokumente (https://docs.github.com/en/github/administering-a-repository/about-securing-your-repository) für weitereInformationen.

  - GitHub bietet Dependabot (https://docs.github.com/en/github/managing-security-vulnerabilities/about-alerts-for-vulnerable-dependencies), um Schwachstellen in Abhängigkeiten automatisch zu entdecken.

- Eclipse Steady (https://eclipse.github.io/steady/) ist ein kostenloses, quelloffenes Werkzeug, das Java- und Python-Projekte auf Schwachstellen analysiert und Entwicklern hilft, diese zu beseitigen.

- OWASP dependency-check (https://owasp.org/www-project-dependency-check/): ein quelloffener Schwachstellen-Scanner.

- OSS Review Toolkit (https://github.com/oss-review-toolkit/ort): ein Open-Source-Orchestrierer, der in der Lage ist, Sicherheitshinweise für verwendete Abhängigkeiten von konfigurierten Schwachstellendatendiensten zu sammeln.

Hilfsmittel

- Die MITRE's vulnerability database (https://cve.mitre.org/) für CVEs. Siehe auch NIST's security database (https://nvd.nist.gov/) für NVDs und umgebende Hilfmittel wie CVE Details (https://www.cvedetails.com/).

- Schauen Sie auch nach dieser neuen Initiative von Google: die open source Vulnerabilities (https://osv.dev/).

- Die OWASP-Arbeitsgruppe veröffentlicht eine Liste von Schwachstellen-Scannern auf ihrer Website (https://owasp.org/www-community/Vulnerability_Scanning_Tools), sowohl aus der kommerziellen als auch der Open-Source-Welt.

- J. Williams and A. Dabirsiaghi. The unfortunate reality of insecure libraries, 2012.

- Detection, assessment and mitigation of vulnerabilities in open source dependencies (https://link.springer.com/article/10.1007/s10664-020-09830-x), Serena Elisa Ponta, Henrik Plate & Antonino Sabetta, Empirical Software Engineering volume 25, pages 3175–3215(2020).

- A Manually-Curated Dataset of Fixes to Vulnerabilities of open source Software (https://arxiv.org/abs/1902.02595), Serena E. Ponta, Henrik Plate, Antonino Sabetta, Michele Bezzi, Cédric Dangremont. Es gibt auch ein toolkit in development to implement the aforementioned dataset (https://sap.github.io/project-kb/).

5.3 Verwalten von Softwareabhängigkeiten

Verknüpfung zum GitLab-Ticket: https://gitlab.ow2.org/ggi/ggi-castalia/-/issues/23 .

Beschreibung

Ein Programm zur *Ermittlung von Abhängigkeiten* sucht nach den tatsächlich in der Codebasis verwendeten Abhängigkeiten. Infolgedessen muss die Organisation eine Liste bekannter Abhängigkeiten für ihre Codebasis erstellen und pflegen und die Entwicklung der ermittelten Anbieter beobachten.

Die Erstellung und Pflege einer Liste der bekannten Abhängigkeiten ist eine Voraussetzung für die Umsetzung:

- Überprüfung von geistigem Eigentum und Lizenzen: Einige Lizenzen können nicht gemischt werden, auch nicht in Form von Abhängigkeiten. Man muss die Abhängigkeiten kennen, um die damit verbundenen rechtlichen Risiken abschätzen zu können.

- Schwachstellenverwaltung: Die gesamte Software ist so schwach wie ihr schwächstes Teil: siehe das Beispiel der Heartbleed-Schwachstelle. Man muss seine Abhängigkeiten kennen, um die damit verbundenen Sicherheitsrisiken einschätzen zu können.

- Lebenszyklus und Nachhaltigkeit: Eine aktive Gemeinschaft für das Projekt Abhängigkeiten ist ein gutes Zeichen für Fehlerkorrekturen, Verbesserungen und neue Funktionen.

- Sorgfältige Auswahl der verwendeten Abhängigkeiten nach "Reifekriterien" - das Ziel ist die Verwendung von Open-Source-Komponenten, die sicher sind, mit einer gesunden und gut gepflegten Codebasis und einer lebendigen, aktiven und reaktiven Gemeinschaft, die externe Beiträge akzeptiert, usw.

Gelegenheitsbeurteilung

Die Ermittlung und Verfolgung von Abhängigkeiten ist ein notwendiger Schritt, um die mit der Wiederverwendung von Code verbundenen Risiken zu minimieren. Darüber hinaus ist die Einrichtung von Werkzeugen und Verfahren zur Verwaltung von Software-Abhängigkeiten eine Voraussetzung für die ordnungsgemäße Verwaltung von Qualität, Vorschriften und Sicherheit.

Bedenken Sie die folgenden Fragen:

- Wie hoch ist das Risiko für das Unternehmen (Kosten, Ruf, usw.), wenn die Software beschädigt ist, angegriffen oder verklagt wird?

- Wird die Codebasis als kritisch für die Mitarbeiter, die Organisation oder das Unternehmen betrachtet?

- Was passiert, wenn eine Komponente, von der eine Anwendung abhängt, ihr Repository ändert?

Der kleinste und erste Schritt ist die Umsetzung eines Werkzeugs zur Softwarekompositionsanalyse (SCA). Für eine vollwertige SCA oder eine Abhängigkeitszuordnung kann die Unterstützung durch Fachberatungsunternehmen erforderlich sein.

Fortschrittsbeurteilung

Die folgenden **Kontrollpunkte** zeigen den Fortschritt in dieser Aktivität:

- ☐ Abhängigkeiten werden im gesamten intern entwickelten Code ermittelt.

- ☐ Abhängigkeiten werden im gesamten externen Code, der innerhalb des Unternehmens ausgeführt wird, festgestellt.

☐ Ein einfach einzurichtendes Verfahren zur Untersuchung der Softwarezusammensetzung oder zur Ermittlung von Abhängigkeiten steht Projekten zur Verfügung, um ihren kontinuierlichen Integrationsprozess zu ergänzen.

☐ Es werden Werkzeuge zur Abhängigkeitsprüfung eingesetzt.

Werkzeuge

- OWASP Dependency-Check (https://github.com/jeremylong/DependencyCheck): dependency-Check ist ein Werkzeug zur Software Composition Analysis (SCA), das versucht, öffentlich bekannte Schwachstellen in den Abhängigkeiten eines Projekts zu erkennen.

- OSS Review Toolkit (https://oss-review-toolkit.org/): eine Reihe von Werkzeugen zur Unterstützung bei der Überprüfung von Open-Source-Software-Abhängigkeiten.

- Fossa (https://github.com/fossas/fossa-cli): schnelle, portable und zuverlässige Abhängigkeitsprüfung. Unterstützt Lizenz- und Schwachstellenprüfungen. Sprachunabhängig; integriert sich in mehr als 20 Build-Systeme.

- Software 360 (https://projects.eclipse.org/projects/technology.sw360).

- Eclipse Dash license tool (https://github.com/eclipse/dash-licenses): übernimmt eine Liste von Abhängigkeiten und fordert ClearlyDefined (https://clearlydefined.io) auf, deren Lizenzen zu prüfen.

Empfehlungen

- Führen Sie regelmäßig Kontrollen der Abhängigkeiten und Anforderungen an das geistige Eigentum durch, um rechtliche Risiken zu minimieren.

- Idealerweise integrieren Sie die Abhängigkeitsverwaltung in den kontinuierlichen Integrationsprozess, damit Probleme (neue Abhängigkeiten, Lizenzunverträglichkeiten) so schnell wie möglich erkannt und behoben werden können.

- Behalten Sie den Überblick über Schwachstellen im Zusammenhang mit Abhängigkeiten und halten Sie Benutzer und Entwickler auf dem Laufenden.

- Informieren Sie über die mit einer falschen Lizenzierung verbundenen Risiken.

- Schlagen Sie eine einfache Lösung für Projekte vor, um die Lizenzprüfung in ihrer Codebasis einzurichten.

- Informieren Sie über deren Bedeutung und helfen Sie den Projekten, sie in ihre CI-Systeme einzubauen.

- Richten Sie sichtbare Leitungskennzahlen für abhängigkeitsbezogene Risiken ein.

Hilfsmittel

- Vorhandene Seite der Gruppe OSS-licenced OSS licence compliance tools (https://oss-compliance-tooling.org/Tooling-Landscape/OSS-Based-licence-Compliance-Tools/).

- The FOSSology Project (https://www.linuxfoundation.org/wp-content/uploads/lfcorp/files/lf_foss_compliance_fossology.pdf). Eine aktuelle Einführung in die FOSSologie und die Einhaltung der FOSS-Richtlinien durch die Linux Foundation.

- Free and Open Source Software licence Compliance: Tools for Software Composition Analysis (https://www.computer.org/csdl/magazine/co/2020/10/09206429/1npxG2VFQSk), von Philippe Ombredanne, nexB Inc.

- Software Sustainability Maturity Model (http://oss-watch.ac.uk/resources/ssmm).

　　　

- CHAOS (https://chaoss.community/): Community Health Analytics Open Source Software.

5.4 Verwalten von Kennzahlen

Verknüpfung zum GitLab-Ticket: https://gitlab.ow2.org/ggi/ggi-castalia/-/issues/24.

Beschreibung

Im Rahmen dieser Tätigkeit wird eine Reihe von Kennzahlen gesammelt und überwacht, die als Grundlage für die täglichen Verwaltungsentscheidungen und die strategischen Möglichkeiten für professionell verwaltete Open-Source-Software dient.

Die wichtigsten Kennzahlen im Zusammenhang mit Open-Source-Software bilden den Hintergrund dafür, wie gut die Verwaltungsprogramme umgesetzt werden. Die Tätigkeit umfasst die Auswahl einiger Kennzahlen, die Veröffentlichung dieser Kennzahlen für die Teams und die Verwaltung sowie die regelmäßige Übermittlung über die Initiative, z. B. über einen Newsletter oder Unternehmensnachrichten.

Diese Aktivität erfordert:

- Stakeholder, um die Ziele des Programms zu diskutieren und festzulegen,

- Einführung eines Werkzeugs zur Messung und Datenerfassung in Verbindung mit der Entwicklungsinfrastruktur,

- Veröffentlichung von mindestens einem Dashboard für die Stakeholder und für alle an der Initiative beteiligten Personen.

Kennzahlen beruhen auf Daten, die aus einschlägigen Quellen erhoben werden müssen. Glücklicherweise gibt es eine Vielzahl von Quellen für Open Source Software Engineering. Beispiele hierfür sind:

- eine Entwicklungsumgebung, die CI/CD-Produktionskette,

- die Personalabteilung,

- Werkzeuge zum Testen und zur Prüfung der Softwarezusammensetzung,

- Repositories.

Beispiele für Indikatoren sind:

- Anzahl der aufgelösten Abhängigkeiten, angezeigt nach Lizenztyp.

- Anzahl der veralteten/anfälligen Abhängigkeiten.

- Anzahl der entdeckten Probleme mit Lizenzen und geistigem Eigentum.

- Beiträge zu externen Projekten.

- Dauer ungelöster Fehler.

- Anzahl der Mitwirkenden an einer Komponente, Anzahl der Commits, usw.

Bei dieser Aktivität geht es darum, diese Anforderungen und Messbedürfnisse zu definieren und ein Kontrollinstrument umzusetzen, das das auf einfache und wirkungsvolle Weise die wichtigsten Kennzahlen des Programms anzeigt.

Gelegenheitsbeurteilung

Kennzahlen helfen dabei, die für Open-Source-Software bereitgestellten Mittel zu verstehen, besser zu verwalten und die Ergebnisse zu messen, um effektiv zu kommunizieren und den vollen Nutzen aus den Investitionen zu ziehen. Durch eine breit angelegte Kommunikation können mehr Menschen die Initiative verfolgen und sich beteiligt fühlen, sodass sie letztlich zu einem Anliegen und Ziel auf Verwaltungsebene wird.

Zwar gibt es für jede Aktivität Bewertungskriterien, die helfen, Fragen zu den erzielten Fortschritten zu beantworten, aber es besteht immer noch Bedarf an einer Überwachung, die mit Zahlen und Mengenkennzahlen erfolgt.

Unabhängig davon, ob es sich um ein kleines Start-up oder ein großes weltweites Unternehmen handelt, Schlüsselmessgrößen helfen den Teams, sich zu konzentrieren und die Leistung zu überwachen. Messgrößen sind wichtig, weil sie die Entscheidungsfindung unterstützen und die Grundlage für die Überwachung bereits getroffener Entscheidungen bilden.

Mit einfachen und praktischen Zahlen und Grafiken können die Mitglieder der gesamten Organisation die Bemühungen um Open Source verfolgen und abgleichen, so dass es zu einem gemeinsamen Anliegen und Handeln wird. Dies ermöglicht es den verschiedenen Beteiligten auch, besser einzusteigen, zum Projekt beizutragen und den Gesamtnutzen zu erhalten.

Fortschrittsbeurteilung

Die folgenden **Kontrollpunkte** zeigen den Fortschritt in dieser Aktivität:

- ☐ Eine Liste von Messgrößen und deren Erfassung wurde erstellt.

- ☐ Es werden Werkzeuge zur Erfassung, Speicherung, Verarbeitung und Anzeige von Kennzahlen verwendet.

- ☐ Es gibt ein allgemeines Dashboard, das allen Teilnehmern zur Verfügung steht und den Fortschritt der Initiative anzeigt.

Werkzeuge

- GrimoireLab (https://chaoss.github.io/grimoirelab) von Bitergia.

- Alambic (https://alambic.io) von Castalia Solutions.

- Generische BI Werkzeuge (elasticsearch, grafana, R/Python Visualisierungen...) sind ebenfalls eine gute Lösung, wenn die richtigen Konnektoren entsprechend der definierten Ziele eingerichtet werden.

Empfehlungen

- Schreiben Sie die Ziele und den Fahrplan für die Open Source Verwaltung auf.

- Kommunizieren Sie intern über die Maßnahmen und den Status der Initiative.

- Beteiligen Sie die Mitarbeiter an der Definition der Leistungskennzahlen, um sicherzustellen, dass

    - sie gut verstanden werden,

    - sie einen vollständigen Überblick über die Bedürfnisse bieten und

    - sie bedacht und befolgt werden.

- Erstellen Sie mindestens ein Dashboard, das für alle einsehbar ist (z. B. auf einem Bildschirm im Raum), mit den wichtigsten Kennzahlen, die den Fortschritt und die Gesamtsituation zeigen.

Hilfsmittel

- Die CHAOSS-Gemeinschaft (https://chaoss.community/) verfügt über viele gute Empfehlungen und Hilfsmittel im Zusammenhang mit Open-Source-Kennzahlen.

- Informieren Sie sich über die Messgrößen für Projektattribute (https://www.ow2.org/view/MRL/Stage2-ProjectAttributes) aus der Methodik (https://www.ow2.org/view/MRL/Overview) des OW2 Market Readiness Levels.

- A New Way of Measuring Openness: The Open Governance Index (https://timreview.ca/article/512) von Liz Laffan ist eine interessante Lektüre über Offenheit in Open-Source-Projekten

- Governance Indicators: A Users' Guide (https://www.un.org/ruleoflaw/files/Governance%20Indicators_A%20Users%20Guide.pdf) ist der Leitfaden der UN für Verwaltungskennzahlen. Obwohl er sich auf Demokratie, Korruption und Transparenz von Staaten bezieht, sind die Grundlagen der Messung und der Kennzahlen in Bezug auf die Verwaltung durchaus lesenswert.

5.5 Codeüberprüfungen durchführen

Verknüpfung zum GitLab-Ticket: https://gitlab.ow2.org/ggi/ggi-castalia/-/issues/44.

Beschreibung

Codeüberprüfung ist eine regelmäßige Aufgabe, die die manuelle und/oder automatische Überprüfung des Quellcodes einer Anwendung umfasst, vor Freigabe eines Produkts oder der Übergabe eines Projekts an den Kunden. Im Fall von Open-Source-Software ist die Codeüberprüfung mehr als nur das Aufspüren von Fehlern; es ist ein durchgängiges Konzept für die gemeinschaftliche Entwicklung der auf Teamebene durchgeführt wird.

Codeprüfungen sollten sowohl für selbst entwickelten als auch für aus Fremdquellen wiederverwendeten Code durchgeführt werden, da sie das allgemeine Vertrauen in den Code stärken und die Eigenverantwortung fördern. Es ist auch eine hervorragende Art, umfassende Fähigkeiten und Kenntnisse innerhalb des Teams zu verbessern und die Zusammenarbeit im Team zu fördern.

Gelegenheitsbeurteilung

Codeüberprüfungen sind immer dann sinnvoll, wenn ein Unternehmen Software entwickelt oder Fremdsoftware wiederverwendet. Codeüberprüfungen sind zwar ein Standardschritt im Softwareentwicklungsprozess, bringen aber im Zusammenhang mit Open Source besondere Vorteile mit sich:

- Bei der Veröffentlichung von eigenem Quellcode wird sichergestellt, dass angemessene Qualitätsrichtlinien eingehalten werden.

- Bei der Beteiligung an einem bestehenden Open-Source-Projekt ist zu prüfen, ob die Richtlinien des Zielprojekts eingehalten werden.

- Die öffentlich zugängliche Dokumentation wird entsprechend aktualisiert.

Es ist auch eine ausgezeichnete Gelegenheit, einige der Regeln Ihres Unternehmens zur Einhaltung der Rechtsvorschriften bekannt zu machen und durchzusetzen, wie zum Beispiel:

- Entfernen Sie niemals bestehende Lizenz-Header oder Urheberrechte, die sich in wiederverwendetem Open-Source-Code befinden.

- Kopieren und fügen Sie keinen Quellcode von Stack Overflow ohne vorherige Genehmigung des Rechtsteams ein.

- Fügen Sie bei Bedarf die korrekte Copyright-Zeile ein.

Codeüberprüfungen schaffen Vertrauen in den Code. Wenn man sich über die Güte oder die möglichen Risiken bei der Verwendung eines Softwareprodukts nicht sicher ist, sollte man Peer-Reviews und Codeprüfungen durchführen.

Fortschrittsbeurteilung

Die folgenden **Kontrollpunkte** zeigen den Fortschritt in dieser Aktivität:

- ☐ Die Überprüfung von Open-Source-Code wird als notwendiger Schritt anerkannt.
- ☐ Open-Source-Codeprüfungen sind geplant (entweder regelmäßig oder zu entscheidenden Zeitpunkten).
- ☐ Ein Prozess zur Durchführung von Open-Source-Codeprüfungen wurde gemeinsam festgelegt und anerkannt.
- ☐ Open-Source-Codeprüfungen sind ein Standardbestandteil des Entwicklungsprozesses.

Empfehlungen

- Codeüberprüfung ist eine gemeinsame Aufgabe, die in einer guten Zusammenarbeitsumgebung besser funktioniert.
- Zögern Sie nicht, bestehende Werkzeuge und Muster aus der Open-Source-Welt zu verwenden, in der Codeprüfungen seit Jahren (Jahrzehnten) die Norm sind.

Hilfsmittel

- What is Code Review? (https://openpracticelibrary.com/practice/code-review/): eine didaktische Lektüre zum Thema Codeprüfung, die in der Open Practice Library von Red Hat zu finden ist.
- Best Practices for Code Reviews (https://www.perforce.com/blog/qac/9-best-practices-for-code-review): eine weitere interessante Sicht auf das Thema der Codeprüfung.

6   Kulturziel-Aktivitäten

6.1   Förderung bewährter Verfahrensweisen bei der Open-Source-Entwicklung

Verknüpfung zum GitLab-Ticket: https://gitlab.ow2.org/ggi/ggi-castalia/-/issues/25.

Beschreibung

Bei dieser Aktivität geht es darum, bewährte Open-Source-Verfahren innerhalb der Entwicklungsteams zu definieren, aktiv zu fördern und umzusetzen.

Als Ausgangspunkt könnten die folgenden Themen bedacht werden:

- Benutzer- und Entwicklerdokumentation.

- Ordnungsgemäße Verwaltung des Projekts in einem öffentlich zugänglichen Repository.

- Förderung und Umsetzung der kontrollierten Wiederverwendung.

- Bereitstellung einer vollständigen und aktuellen Produktdokumentation.

- Einrichtungsverwaltung: Git-Workflows, Zusammenarbeitsmuster.

- Release-Management: frühes und häufiges Freigeben, stabile Versionen im Vergleich zu Entwicklungsversionen, usw.

OSS-Projekte haben einen besonderen, basarähnlichen Arbeitsstil. Um diese Zusammenarbeit und Denkweise zu ermöglichen und zu fördern, werden einige Verhaltensweisen empfohlen, die eine gemeinschaftliche und verteilte Entwicklung und Beiträge von Drittentwicklern erleichtern...

Dokumente der Community

Stellen Sie sicher, dass alle Projekte innerhalb des Unternehmens die folgenden Dokumente vorschlagen:

- README -- kurze Beschreibung des Projekts, wie man miteinander umgeht, Verknüpfungen zu Hilfsmitteln.

- Contributing -- Einführung für diejenigen, die etwas beitragen wollen.

- Code Of Conduct -- Was als Verhalten innerhalb der Gemeinschaft akzeptabel ist -- und was nicht.

- LICENSE -- die übliche Lizenz im Repository.

bewährte Verfahren von REUSE

REUSE (https://reuse.software) ist eine Initiative der Free Software Foundation Europe (https://fsfe.org/) zur Verbesserung der Wiederverwendung von Software und zur Vereinfachung der Einhaltung von OSS und Lizenzen.

Gelegenheitsbeurteilung

Obwohl es stark vom Kenntnisstand des Teams über OSS abhängt, ist es immer von Vorteil, die Mitarbeiter zu schulen und Verfahren zu schaffen die diese Verhaltensweisen durchsetzen, sind immer von Vorteil. Dies ist umso wichtiger, wenn:

- die potenziellen Nutzer und Mitwirkenden nicht bekannt sind,

- die Entwickler nicht an die Open-Source-Entwicklung gewöhnt sind.

Fortschrittsbeurteilung

Die folgenden **Kontrollpunkte** zeigen den Fortschritt in dieser Aktivität:

- ☐ Das Projekt legt eine Liste mit bewährten Open-Source-Verfahren fest, die einzuhalten sind.

- ☐ Das Projekt überwacht seine Ausrichtung an bewährten Verfahren.

- ☐ Das Entwicklungsteam hat ein Bewusstsein für die Einhaltung von bewährten OSS-Verfahren entwickelt.

- ☐ Neue bewährte Verfahren werden regelmäßig ausgewertet und es wird versucht, sie umzusetzen.

Werkzeuge

- Das REUSE-Hilfswerkzeug (https://github.com/fsfe/reuse-tool) hilft dabei, ein Repository mit den bewährten Verfahren von REUSE (https://reuse.software) in Einklang zu bringen. Es kann in viele Entwicklungsprozesse einbezogen werden, um den aktuellen Zustand zu bestätigen.

- ScanCode (https://scancode-toolkit.readthedocs.io) bietet die Möglichkeit, alle Gemeinschafts- und Rechtsdokumente im Repository aufzulisten: siehe Funktionsbeschreibung (https://scancode-toolkit.readthedocs.io/en/latest/cli-reference/scan-options-pre.html#classify).

- GitHub hat eine nette Funktion, um nach fehlenden Gemeinschaftsdokumenten zu suchen (https://docs.github.com/articles/viewing-your-community-profile). Sie ist auf der Seite Repository > ”Insights” > ”Community” zu finden. Hier (https://github.com/borisbaldassari/alambic/community) ist ein Beispiel.

Empfehlungen

- Die Liste der bewährten Verfahren hängt vom jeweiligen Umfeld und Anwendungsbereich des Programms ab und sollte regelmäßig im Sinne einer kontinuierlichen Verbesserung neu bewertet werden. Die Maßnahmen sollten überwacht und regelmäßig bewertet werden, um Fortschritte zu verfolgen.

- Schulung von Menschen über die Wiederverwendung von OSS (als Konsumenten) und Ökosystemen (als Beitragende).

- Setzen Sie REUSE.software wie in Aktivität #14 um.

- Richten Sie ein Verfahren zum Umgang mit rechtlichen Risiken im Zusammenhang mit Wiederverwendung und Beiträgen ein.

- Ermutigen Sie die Mitarbeiter ausdrücklich, zu Fremdprojekten beizutragen.

- Stellen Sie eine Vorlage oder offizielle Richtlinien für die Projektstruktur bereit.

- Richten Sie automatische Kontrollen ein, um sicherzustellen, dass alle Projekte die Richtlinien einhalten.

Hilfsmittel

- OW2's list of open source best practices (https://www.ow2.org/view/MRL/Full_List_of_Best_Practices) aus der Methodik zur Bewertung der Marktreifegrade.

- REUSEs offizielle Website (https://reuse.software) mit Spezifikationen, Tutorial und FAQ.

- Gemeinschaftsrichtlinien von GitHub (https://opensource.guide/).

- Ein Beispiel für bewährte Verfahren für die Einrichtungsverwaltung mit GitHub (https://dev.to/datreeio/top-10-github-best-practices-3kl2).

6.2   Zu Open-Source-Projekten beitragen

Verknüpfung zum GitLab-Ticket: https://gitlab.ow2.org/ggi/ggi-castalia/-/issues/26.

Beschreibung

Der Beitrag zu Open-Source-Projekten, die frei genutzt werden können, ist eines der wichtigsten Prinzipien der Good Governance. Es geht darum, nicht einfach ein passiver Verbraucher zu sein, sondern dem Projekt etwas zurückzugeben. Wenn jemand eine Funktion hinzufügt oder einen Fehler für seine eigenen Zwecke behebt, sollte er dies allgemein genug tun, um zum Projekt beizutragen. Den Entwicklern muss Zeit für ihre Beiträge eingeräumt werden.

Diese Aktivität deckt den folgenden Bereich ab:

- Die Arbeit mit Upstream-Open-Source-Projekten.

- Meldung von Fehlern und Funktionswünschen.

- Einbringen von Code und Fehlerkorrekturen.

- Teilnahme an Mailinglisten der Community.

- Austausch von Erfahrungen.

Gelegenheitsbeurteilung

Die wichtigsten Vorteile dieser Aktivität sind:

- Sie erhöht das Allgemeinwissen und das Engagement für Open Source innerhalb des Unternehmens, da die Mitarbeiter beginnen, Beiträge zu leisten und sich an Open-Source-Projekten zu beteiligen. Sie erhalten ein Gefühl der Gemeinnützigkeit und verbessern ihren eigenen Ruf.

- Das Unternehmen erhöht seinen Bekanntheitsgrad und sein Ansehen, da die Beiträge durch das Projekt wandern. Dies zeigt, dass das Unternehmen tatsächlich an Open Source beteiligt ist, einen Beitrag leistet und Fairness und Transparenz fördert.

Fortschrittsbeurteilung

Die folgenden **Kontrollpunkte** zeigen den Fortschritt in dieser Aktivität:

- ☐ Es gibt eine klare und offizielle Methode für diejenigen, die einen Beitrag leisten wollen.

- ☐ Entwickler werden ermutigt, zu Open-Source-Projekten beizutragen, die sie nutzen.

- ☐ Es gibt ein Verfahren, das die Einhaltung von Rechtsvorschriften und die Sicherheit der Beiträge von Entwicklern gewährleistet.

- Leistungskennzahlen: Umfang der externen Beiträge (Code, Mailinglisten, Probleme, ...) von Einzelpersonen, Teams oder Unternehmen.

Werkzeuge

Es kann sinnvoll sein, die Beiträge zu verfolgen, sowohl um den Überblick über die Beiträge zu behalten als auch, um über die Bemühungen des Unternehmens berichten zu können. Zu diesem Zweck können Dashboards und Software zur Aktivitätsverfolgung eingesetzt werden. Prüfen Sie:

- Bitergias GrimoireLab (https://chaoss.github.io/grimoirelab/)

- Alambic (https://alambic.io)

- ScanCode (https://scancode-toolkit.readthedocs.io)

Empfehlungen

Ermutigen Sie die Mitarbeiter des Unternehmens, zu externen Projekten beizutragen, indem Sie:

- Ihnen Zeit geben, um allgemeine, gut getestete Fehlerkorrekturen und Funktionen zu schreiben und sie der Gemeinschaft zurückzugeben.

- Schulung der Mitarbeiter in Bezug auf Beiträge zu Open-Source-Communities. Dabei geht es sowohl um technische Fähigkeiten (Verbesserung der Kenntnisse Ihres Teams) als auch um die Gemeinschaft (Zugehörigkeit zu den Open-Source-Communities, Verhaltenskodex, usw.).

- Bieten Sie Schulungen zu rechtlichen und technischen Fragen sowie die des geistigen Eigentums an und stellen Sie innerhalb des Unternehmens einen Ansprechpartner zur Verfügung, der bei diesen Themen helfen kann, wenn die Mitarbeiter Zweifel haben.

- Bieten Sie Anreize für veröffentlichte Arbeiten.

- Beachten Sie, dass die Beiträge des Unternehmens/der Einrichtung die Qualität des Codes und die Beteiligung widerspiegeln, stellen Sie also sicher, dass Ihr Entwicklungsteam einen ausreichend guten Code liefert.

Hilfsmittel

- Die CHAOSS (https://chaoss.community/) Initiative der Linux Foundation bietet Werkzeuge und Hinweise zur Verfolgung von Beiträgen in der Entwicklung.

6.3 Gehören Sie zur Open-Source-Community

Verknüpfung zum GitLab-Ticket: https://gitlab.ow2.org/ggi/ggi-castalia/-/issues/27.

Beschreibung

Bei dieser Aktivität geht es darum, unter den Entwicklern ein Gefühl der Zugehörigkeit zu einer größeren Open-Source-Community zu entwickeln. Wie in jeder Gemeinschaft müssen sich Menschen und Einrichtungen beteiligen und einen Beitrag zum Ganzen leisten. Es stärkt die Verbindung zwischen Praktikern und bringt Nachhaltigkeit und Bewegung in das Ökosystem. Auf der eher technischen Seite, ermöglicht es, die Schwerpunkte und den Fahrplan von Projekten festzulegen, verbessert den allgemeinen Wissensstand und das technische Bewusstsein.

Diese Aktivität deckt das folgende ab:

- **Ermitteln Sie Veranstaltungen**, an denen es sich lohnt teilzunehmen. Kontakte knüpfen, sich über neue Technologien informieren und ein Netzwerk aufbauen sind Schlüsselfaktoren, um die Vorteile von Open Source voll auszuschöpfen.

- Bedenken Sie die **Mitgliedschaft in einer Stiftung**. Open-Source-Stiftungen und -Organisationen sind ein wichtiger Bestandteil des Open-Source-Ökosystems. Sie stellen technische und organisatorische Mittel für Projekte zur Verfügung und sind ein guter neutraler Ort für Förderer, um gemeinsame Probleme und Lösungen zu diskutieren oder an Normen zu arbeiten.

- Beobachten Sie **Arbeitsgruppen**. Arbeitsgruppen sind unabhängige Arbeitsgruppen, in denen Experten in einem bestimmten Bereich wie IoT, Modellierung oder Wissenschaft zusammenarbeiten. Sie sind ein sehr wirksamer und kostengünstiger Mechanismus, um gemeinsame, wenn auch fachspezifische Anliegen gemeinsam anzugehen.

- **Beteiligung am Budget**. Am Ende ist Geld der Schlüssel zum Erfolg. Planen Sie die erforderlichen Ausgaben, gewähren Sie den Mitarbeitern bezahlte Zeit für diese Aktivitäten, sehen Sie die nächsten Schritte voraus, damit das Programm nicht nach ein paar Monaten wegen fehlender Finanzierung eingestellt werden muss.

Gelegenheitsbeurteilung

Open Source funktioniert am besten in Verbindung mit der Open-Source-Community im Allgemeinen. Es erleichtert die Fehlerbehebung, den Austausch von Lösungen, usw.

Es ist auch eine gute Art für Unternehmen, ihre Unterstützung für Open-Source-Werte zu zeigen. Die Kommunikation über die Mitwirkung des Unternehmens ist sowohl für den Ruf des Unternehmens als auch für das Open-Source-Ökosystem wichtig.

Fortschrittsbeurteilung

Die folgenden **Kontrollpunkte** zeigen den Fortschritt in dieser Aktivität:

- ☐ Es wird eine Liste von Veranstaltungen erstellt, an denen man teilnehmen könnte.

- ☐ Es gibt eine Beobachtung der öffentlichen Vorträge der Teammitglieder.

- ☐ Es können Anträge auf Teilnahme an Veranstaltungen eingereicht werden.

- ☐ Es können Projekte zum Sponsoring eingereicht werden.

Empfehlungen

- Führen Sie eine Umfrage durch, um herauszufinden, welche Veranstaltungen beliebt sind oder für die Arbeit am nützlichsten wären.

- Richten Sie eine interne Kommunikation ein (Newsletter, Informationsstelle, Einladungen ...), damit die Menschen von Initiativen wissen und sich beteiligen können.

- Stellen Sie sicher, dass diese Initiativen für verschiedene Personengruppen (Entwickler, Administratoren, Unterstützer, ...) von Nutzen sein können, nicht nur für Führungskräfte auf Vorstandsebene.

Hilfsmittel

- What motivates a developer to contribute to open source software? (https://clearcode.cc/blog/why-developers-contribute-open-source-software/) Ein Artikel von Michael Sweeney über clearcode.cc.

- Why companies contribute to open source (https://blogs.vmware.com/opensource/2020/12/01/why-companies-contribute-to-open-source/) Ein Artikel von Velichka Atanasova von VMWare.

- Why your employees should be contributing to open source (https://www.cloudbees.com/blog/why-your-employees-should-be-contributing-to-open-source/) Ein guter Text von Robert Kowalski von CloudBees.

- 7 ways your company can support open source (https://www.infoworld.com/article/2612259/7-ways-your-company-can-support-open-source.html) Ein Artikel von Simon Phipps für InfoWorld.

- Events: the life force of open source (https://www.redhat.com/en/blog/events-life-force-open-source) Ein Artikel von Donna Benjamin von RedHat.

6.4 Sichtweise der Personalabteilung

Verknüpfung zum GitLab-Ticket: https://gitlab.ow2.org/ggi/ggi-castalia/-/issues/28.

Beschreibung

Die Umstellung auf eine Open-Source-Kultur hat tiefgreifende Auswirkungen auf das Personalwesen:

- **Neue Prozesse und Verträge**: Die Verträge müssen angepasst werden, um fremde Beiträge zu ermöglichen und zu fördern. Dazu gehören Fragen des geistigen Eigentums und der Lizenzierung für Arbeiten innerhalb des Unternehmens, aber auch die Möglichkeit für Mitarbeiter oder Auftragnehmer, ihre eigenen Projekte durchzuführen.

- **Unterschiedliche Menschentypen**: Menschen, die mit Open Source arbeiten, haben oft andere Anreize und Mentalitäten als bei rein proprietären, betrieblichen Mitarbeitern. Verfahren und Denkweisen müssen sich an dieses auf die Gemeinschaft bezogene, ansehensorientiertes Muster anpassen, um neue Arten von Talenten anzuziehen und zu halten.

- Laufbahnentwicklung: Es muss ein Karrierepfad angeboten werden, der die fachlichen und sozialen Fähigkeiten der Mitarbeiter sowie die von Ihrem Unternehmen erwarteten Fähigkeiten fördert und wertschätzt (Zusammenarbeit, um die Bemühungen der Gemeinschaft voranzutreiben, Kommunikation, um als Sprecher für Ihr Unternehmen zu dienen, usw.). Die Personalabteilung spielt auf jeden Fall eine Schlüsselrolle bei der Förderung von Open Source als Kulturziel.

Belegschaft

Für einen Entwickler, der lange Zeit mit derselben proprietären Lösung gearbeitet hat, kann der Wechsel zu Open Source eine ziemliche Umstellung darstellen und eine Anpassung erfordern. Aber für die meisten Entwickler bringt Open-Source-Software nur Vorteile mit sich.

Entwickler, die heute die Schule oder Universität verlassen, haben alle schon immer mit Open Source gearbeitet. Innerhalb eines Unternehmens, verwendet die große Mehrheit der Entwickler Open-Source-Sprachen und importiert Open-Source-Bibliotheken oder Snippets jeden Tag. Es ist in der Tat viel einfacher, Zeilen von Open-Source-Code in ein Programm einzufügen, als das interne Sourcing-Verfahren auszulösen, das durch mehrfache Bestätigungen über die Führungsebene eskaliert.

Open Source macht die Arbeit eines Entwicklers interessanter, denn mit Open Source ist ein Entwickler immer auf der Suche nach dem, was seine Kollegen außerhalb des Unternehmens erfunden haben und bleibt so auf dem neuesten Stand der Technik.

Für ein Unternehmen muss es eine Personalstrategie geben, um 1) die vorhandene Belegschaft zu schulen oder umzuschulen und 2) das Unternehmen bei der Einstellung neuer Talente zu sensibilisieren und zu positionieren, was die Attraktivität des Unternehmens in Bezug auf Open Source ausmacht.

> Leute mit einer guten FLOSS-Mentalität zu bekommen, die den Code bereits verstehen und gut mit anderen zusammenarbeiten können, ist wunderbar. Die Alternative der Missionierung/Schulung/Praktikum ist lohnenswert, aber teurer und zeitaufwändiger.
>
> — CEO eines OSS-Softwareanbieters

Dies verdeutlicht, dass die Einstellung von Mitarbeitern mit Open-Source-Kompetenz eine Beschleunigung darstellt, die in der Personalstrategie bedacht werden sollte.

Verfahren

- Erstellen oder Überarbeiten von Stellenbeschreibungen (technische Fähigkeiten, Soft Skills, Fähigkeiten und Erfahrungen)

- Schulungsprogramme: Selbstschulung, formale Schulung, Führungscoaching, Zuordnung von Peers, Communities

- Festlegen oder Überprüfen des Karrierewegs: Fähigkeiten, Schlüsselergebnisse/Auswirkungen und Karriereschritte

Gelegenheitsbeurteilung

1. Rahmen für Entwicklungsverfahren: Das Problem besteht wahrscheinlich nicht so sehr darin, die Entwickler dazu zu bringen, mehr Open Source zu verwenden, sondern, dafür zu sorgen, dass sie diese sicher und unter Einhaltung der Lizenzbedingungen der einzelnen Open-Source-Technologien nutzen, ohne dabei auf die üblichen Sicherheitsüberprüfungen zu verzichten (Open-Source-Codezeilen könnten bösartigen Code enthalten),

2. Überarbeitung der Zusammenarbeit: Bei den Entwicklungsverfahren besteht die Möglichkeit, die Agilität und die Zusammenarbeit auf andere Geschäftsbereiche in Ihrem Unternehmen auszuweiten. Inner Sourcing wird oft eingesetzt, um diese Verhaltensweisen zu fördern, obwohl dies nur eine halbherzige Art der Open-Source-Kultur sein kann,

3. Organisationskultur: Letztendlich geht es hier um die Kultur Ihrer Organisation: Open Source kann das Aushängeschild für Werte wie Offenheit, Zusammenarbeit, Ethik und Nachhaltigkeit sein.

Fortschrittsbeurteilung

Die folgenden **Kontrollpunkte** zeigen den Fortschritt in dieser Aktivität:

☐ Es gibt Schulungen, die sowohl die Vorteile als auch die Einschränkungen (Einhaltung der Lizenzbedingungen für geistiges Eigentum) im Zusammenhang mit Open Source aufzeigen.

☐ Jeder Entwickler, jeder Architekt, jeder Projektleiter (oder Product Owner/Business Owner) versteht die Vorteile und Einschränkungen (Einhaltung der Lizenzbedingungen für geistiges Eigentum) im Zusammenhang mit Open Source.

☐ Entwickler werden ermutigt, zu Open-Source-Communities beizutragen und Verantwortung für sie zu übernehmen und können dafür eine angemessene Schulung erhalten.

☐ Die Fähigkeiten und Kompetenzen spiegeln sich in den Stellenbeschreibungen und Karrierestufen der Organisation wider.

☐ Erfahrungen, die Entwickler im Bereich Open Source gesammelt haben (Beiträge zu Open-Source-Communities, Teilnahme am internen Regelbefolgungsverfahren, externe Ansprechpartner für das Unternehmen, usw.), werden bei der Personalbewertung berücksichtigt.

Werkzeuge

- Qualifikationsmatrix.
- Öffentliche Schulungsprogramme (z. B. Open Source School).
- Beschaffung: GitHub, GitLab, LinkedIn, Meetups, Epitech, Epita, ...
- Vertragsvorlagen (Loyalitätsklausel).
- Stellenbeschreibungen (Vorlagen) & Karriereschritte (Vorlagen).

Empfehlungen

In den meisten Fällen kennen die Entwickler heutzutage bereits einige Open-Source-Prinzipien und sind bereit, mit und an Open-Source-Software zu arbeiten. Dennoch gibt es einige Maßnahmen, die die Leitung ergreifen sollte:

- Bevorzugung von OSS-Erfahrung bei der Einstellung, auch wenn die Aufgabe, für die der Entwickler eingestellt wird, nur mit proprietärer Technologie zu tun hat. Die Chancen stehen gut, dass der Entwickler im Zuge der digitalen Transformation eines Tages mit Open Source arbeiten muss.

- OSS-Schulungsprogramm: Jeder Entwickler, jeder Architekt, jeder Projektleiter (oder Product Owner/Business Owner) sollte Zugang zu Schulungsmaterialien (Videos oder persönliche Schulungen) haben, die die Vorteile von Open Source, aber auch die Einschränkungen in Bezug auf geistiges Eigentum und die Einhaltung von Lizenzen aufzeigen.

- Für Entwickler, die einen Beitrag zu Open-Source-Communities leisten und Teil der Leitungsgremien dieser Gemeinschaften sein wollen, sollten Schulungen angeboten werden (Linux-Zertifizierungen).

- Anerkennung des Beitrags des Mitarbeiters (Entwickler oder Architekt) zu Open-Source-Themen wie Beiträge zu Open-Source-Communities und Einhaltung der Lizenzbedingungen für geistiges Eigentum in den Personalbeurteilungsprozessen. Die meisten Themen sind allgemeiner Art und passen in technische Karrierewege, während einige spezifisch sein können oder sollten.

- Am besten gehütetes Geheimnis und Haltung des Unternehmens: Es müssen der Kommunikationsbereich (wie wichtig ist dies für Ihr Unternehmen, dass es sich in Ihrem Jahresbericht widerspiegeln könnte), wie wirkt es sich auf Ihre Kommunikationshaltung aus (ein Open-Source-Mitarbeiter könnte ein Ansprechpartner für Ihr Unternehmen sein, einschließlich Pressekontakte).

Hilfsmittel

- Bezüglich der Möglichkeit, sich bei Veranstaltungen außerhalb des Unternehmens zu Wort zu melden, siehe Aktivität 31: ”(Engagementziel) Öffentliche Darstellung der Verwendung von Open Source”.

6.5 Upstream first

Verknüpfung zum GitLab-Ticket: https://gitlab.ow2.org/ggi/ggi-castalia/-/issues/39.

Beschreibung

Bei dieser Aktivität geht es um die Entwicklung eines Bewusstseins für die Vorteile von Beiträgen und die Durchsetzung des Upstream-First-Prinzips.

Beim Upstream-First-Prinzips müssen alle Entwicklungen an einem Open-Source-Projekt in der Qualität und Offenheit erfolgen, die erforderlich sind, um den Kernentwicklern eines Projekts vorgelegt und von diesen veröffentlicht zu werden.

Gelegenheitsbeurteilung

Das Schreiben von Code mit Blick auf den Upstream führt zu:

- einer besseren Qualität des Codes,

- Code, der bereit ist, upstream eingereicht zu werden,

- Code, der in die Kernsoftware eingebunden wird,

- Code, der mit zukünftigen Versionen kompatibel sein wird,

- Anerkennung durch die Projektgemeinschaft und eine bessere und profitablere Zusammenarbeit.

  Upstream First ist mehr als nur ”nett sein”. Es bedeutet, dass Sie ein Mitspracherecht bei dem Projekt haben. Es bedeutet Vorhersehbarkeit. Es bedeutet, dass Sie die Kontrolle haben. Es bedeutet, dass Sie agieren und nicht reagieren. Es bedeutet, dass Sie Open Source verstehen. (Maximilian Michels) (https://maximilianmichels.com/2021/upstream-first/))

Fortschrittsbeurteilung

Die folgenden **Kontrollpunkte** zeigen den Fortschritt in dieser Aktivität:? Ist Upstream First umgesetzt?

- ☐ Erheblicher Anstieg der Zahl der Pull-/Merge-Anträge, die bei Drittprojekten eingereicht werden.

- ☐ Es wurde eine Liste von Drittprojekten erstellt, für die zuerst ein Upstream-Antrag gestellt werden muss.

Empfehlungen

- Ermittlung der Entwickler mit der größten Erfahrung in der Zusammenarbeit mit Upstream-Entwicklern.

- Erleichterung der Interaktion zwischen Entwicklern und Kernentwicklern (Veranstaltungen, Hackathons, usw.)

Hilfsmittel

- Eine klare Erklärung des Upstream-First-Prinzips und warum es in das Kulturziel passt: https://maximilianmichels. com/2021/upstream-first/.

  Upstream First bedeutet, dass Sie jedes Mal, wenn Sie ein Problem in Ihrer Kopie des Upstream-Codes lösen, von dem andere profitieren könnten, tragen Sie diese Änderungen zum Upstream bei, d.h. Sie senden einen Patch oder öffnen eine Pull-Anfrage an das Upstream-Repository.

- What is Upstream and Downstream in Software Development? (https://reflectoring.io/upstream-downstream/) Eine glasklare Erklärung.

- Ein Papier von Dave Neary: Upstream first: Building products from open source software (https://inform.tmforum.org/features-and-analysis/2017/05/upstream-first-building-products-open-source-software/).

- Erläutert über die Chromium OS Design Dokumenten: Upstream First (https://www.chromium.org/chromium-os/chromiumos-design-docs/upstream-first).

- Red Hat über Upstream und die Vorteile von Upstream First (https://www.redhat.com/en/blog/what-open-source-upstream).

7 Engagementziel-Aktivitäten

7.1 In Open Source Projekten engagieren

Verknüpfung zum GitLab-Ticket: https://gitlab.ow2.org/ggi/ggi-castalia/-/issues/29.

Beschreibung

Bei dieser Aktivität geht es darum, bedeutende Beiträge zu OSS-Projekten zu leisten, die für Sie wichtig sind. Die Beiträge werden auf der Ebene der Organisation geleistet (nicht auf persönlicher Ebene wie in Nr. 26). Sie können verschiedene Formen annehmen, von der direkten Finanzierung bis zur Bereitstellung von Mitteln (z. B. Menschen, Server, Infrastruktur, Kommunikation, usw.), solange sie dem Projekt oder Ökosystem nachhaltig und wirkungsvoll zugute kommen.

Diese Aktivität knüpft an die Aktivität Nr. 26 an und bringt die Beiträge von Open-Source-Projekten auf die Ebene der Organisation, wodurch sie sichtbarer, mächtiger und nützlicher werden. Bei dieser Aktivität sollen die Beiträge eine wesentliche, langfristige Verbesserung für das OSS-Projekt bringen: z.B. ein Entwickler oder ein Team, das eine dringend benötigte neue Funktion entwickelt, Infrastrukturmittel, Server für einen neuen Dienst, die Übernahme der Wartung eines weit verbreiteten Zweigs.

Die Idee ist, einen bestimmten Prozentsatz der Ressourcen für die Förderung von Open-Source-Entwicklern bereitzustellen, die Bibliotheken oder Projekte schreiben und pflegen, die wir nutzen.

Diese Aktivität setzt eine Zuordnung der verwendeten Open-Source-Software und eine Bewertung ihrer Kritikalität voraus, um zu entscheiden, welche zu unterstützen ist.

Gelegenheitsbeurteilung

> Wenn jedes Unternehmen, das Open Source nutzt, zumindest einen kleinen Beitrag leisten würde, hätten wir ein gesundes Ökosystem.

Die Unterstützung von Projekten trägt dazu bei, ihre Nachhaltigkeit zu gewährleisten und ermöglicht den Zugang zu Informationen, vielleicht sogar die Beeinflussung und die Priorisierung einiger Entwicklungen (obwohl dies nicht der Hauptgrund für die Unterstützung von Projekten sein sollte).

Möglicher Nutzen dieser Aktivität: Sicherstellen, dass Fehlerberichte bevorzugt behandelt werden und Entwicklungen in die stabile Version übernommen werden. Mögliche Kosten im Zusammenhang mit dieser Aktivität: Zeitaufwand für Projekte, Geldaufwand.

Fortschrittsbeurteilung

Die folgenden **Kontrollpunkte** zeigen den Fortschritt in dieser Aktivität:

☐ Gefördertes Projekt ist ausgewählt.

☐ Unterstützungsmöglichkeit ist beschlossen, z. B. direkter Geldbeitrag oder Codebeitrag.

☐ Aufgabenleiter ist ernannt.

☐ Ein Beitrag wurde geleistet.

☐ Das Ergebnis des Beitrags wurde bewertet.

Die Verifizierungspunkte stammen aus dem OpenChain Fragebogen der Selbstzertifizierung (https://certification.openchainproject.org/):

☐ Wir haben eine Richtlinie für Beiträge zu Open-Source-Projekten im Namen der Organisation.

               44

☐ Wir haben ein dokumentiertes Verfahren für Open-Source-Beiträge.

☐ Wir haben ein dokumentiertes Verfahren, um alle Software-Mitarbeiter mit der Open-Source-Beitragspolitik vertraut zu machen.

Werkzeuge

Einige Organisationen bieten Mechanismen zur Finanzierung von Open-Source-Projekten an (es könnte praktisch sein, wenn Ihr Zielprojekt in deren Portfolios ist).

- Open Collective (https://opencollective.com/).

- Software Freedom Conservancy (https://sfconservancy.org/).

- Tidelift (https://tidelift.com/).

Empfehlungen

- Konzentrieren Sie sich auf Projekte, die für die Organisation von entscheidender Bedeutung sind: Das sind Projekte, die Sie mit Ihrem Beitrag am meisten unterstützen möchten.

- Zielprojekte der Gemeinschaft.

- Diese Aktivität erfordert ein Mindestmaß an Vertrautheit mit einem Zielprojekt.

Hilfsmittel

- How to support open source projects now (https://sourceforge.net/blog/support-open-source-projects-now/): Eine kurze Seite mit Ideen zur Finanzierung von Open-Source-Projekten.

- Sustain OSS: a space for conversations about sustaining open source (https://sustainoss.org)

7.2 Open-Source-Communities unterstützen

Verknüpfung zum GitLab-Ticket: https://gitlab.ow2.org/ggi/ggi-castalia/-/issues/30.

Beschreibung

Bei dieser Aktivität geht es darum, mit institutionellen Vertretern der Open-Source-Welt in Kontakt zu treten.

Sie wird erreicht durch:

- Beitritt zu OSS-Stiftungen (einschließlich der finanziellen Kosten für die Mitgliedschaft).

- Unterstützung und Befürwortung der Tätigkeiten der Stiftungen.

Diese Aktivität beinhaltet, dass den Entwicklungs- und IT-Teams Zeit und Mittel für die Teilnahme an Open-Source-Communities zur Verfügung gestellt werden.

Gelegenheitsbeurteilung

Open-Source-Communities stehen an der Spitze der Entwicklung des Open-Source-Ökosystems. Das Engagement in Open-Source-Communities hat mehrere Vorteile:

- es ist hilfreich, informiert und auf dem neuesten Stand zu bleiben,

- es verbessert das Image der eigenen Organisation,

- die Mitgliedschaft bringt Vorteile mit sich,

      45

- sie gibt dem Open-Source-IT-Team zusätzliche Struktur und Motivation.

Die Kosten umfassen:

- Mitgliedsbeiträge,

- Personalzeit und ein gewisses Reisekostenbudget für die Teilnahme an Community-Aktivitäten,

- Überwachung des Engagements für das geistige Eigentum.

Fortschrittsbeurteilung

Die folgenden **Kontrollpunkte** zeigen den Fortschritt in dieser Aktivität:

- ☐ Die Organisation ist ein eingetragenes Mitglied einer Open-Source-Stiftung.

- ☐ Die Organisation beteiligt sich an der Steuerung.

- ☐ Software, die von der Organisation entwickelt wurde, wird an die Code-Basis einer Stiftung übermittelt bzw. wurde in diese aufgenommen.

- ☐ Die Mitgliedschaft wird auf den Websites der Organisation und der Community anerkannt.

- ☐ Es wurde eine Kosten-Nutzen-Bewertung der Mitgliedschaft durchgeführt.

- ☐ Es wurde eine Kontaktstelle für die Community benannt.

Empfehlungen

- Schließen Sie sich einer Community an, die Ihrer Größe und Ihren Mitteln entspricht, z.B. einer Community, die Ihnen Gehör schenkt und in der Sie einen anerkannten Beitrag leisten können.

Hilfsmittel

- Auf dieser hilfreichen Seite (https://www.linuxfoundation.org/tools/participating-in-open-source-communities/) der Linux Foundation erfahren Sie, warum und wie Sie einer Open-Source-Community beitreten sollten.

7.3 Öffentliche Darstellung der Verwendung von Open Source

Verknüpfung zum GitLab-Ticket: https://gitlab.ow2.org/ggi/ggi-castalia/-/issues/31.

Beschreibung

Bei dieser Aktivität geht es um die Anerkennung des Einsatzes von OSS in einem Informationssystem, in Anwendungen und in neuen Produkten.

- Bereitstellung von Erfolgsgeschichten.

- Präsentieren bei Veranstaltungen.

- Finanzielle Unterstützung der Teilnahme an Veranstaltungen.

Gelegenheitsbeurteilung

Es ist inzwischen allgemein anerkannt, dass die meisten Informationssysteme auf OSS basieren und dass neue Anwendungen größtenteils durch die Wiederverwendung von OSS entstehen.

Der Hauptnutzen dieser Tätigkeit besteht darin, gleiche Bedingungen für OSS und proprietäre Software zu schaffen, um sicherzustellen, OSS die gleiche Aufmerksamkeit zu schenken und sie genauso professionell zu verwalten wie proprietäre Software.

Ein Nebeneffekt ist, dass das Profil des OSS-Ökosystems deutlich aufgewertet wird und da die OSS-Anwender als "Innovatoren" identifiziert werden, steigert dies auch die Attraktivität der Organisation.

Fortschrittsbeurteilung

Die folgenden **Kontrollpunkte** zeigen den Fortschritt in dieser Aktivität:

- ☐ Gewerbliche Open-Source-Anbieter sind berechtigt, den Namen der Organisation als Kundenreferenz zu verwenden.

- ☐ Mitwirkende dürfen dies tun und sich unter dem Namen der Organisation äußern.

- ☐ Der Einsatz von OSS wird im Jahresbericht der IT-Abteilung offen erwähnt.

- ☐ Es gibt kein Hindernis für die Organisation, ihren Einsatz von OSS in den Medien zu erläutern (Interviews, OSS- und Branchenveranstaltungen, etc.).

Empfehlungen

- Ziel dieser Tätigkeit ist es nicht, dass die Organisation zu einer OSS-Aktivistenorganisation wird, sondern dass die Öffentlichkeit die Nutzung von OSS erkennt.

Hilfsmittel

- Beispiel von CERN (https://superuser.openstack.org/articles/cern-openstack-update/), das öffentlich seine Verwendung von OpenStack bestätigt

7.4 Mit Open-Source-Anbietern zusammenarbeiten

Verknüpfung zum GitLab-Ticket: https://gitlab.ow2.org/ggi/ggi-castalia/-/issues/33.

Beschreibung

Sichern Sie sich Verträge mit Open-Source-Anbietern, die für Sie wichtige Software bereitstellen. Unternehmen und Einrichtungen, die Open-Source-Software herstellen, müssen sich weiterentwickeln, um die Wartung und Entwicklung neuer Merkmale zu gewährleisten. Ihr Fachwissen wird für das Projekt benötigt und die Nutzergemeinschaft ist auf Ihre anhaltende Tätigkeit und Ihre Beiträge angewiesen.

Die Zusammenarbeit mit Open-Source-Anbietern kann verschiedene Formen annehmen:

- Abonnement von Wartungsverträgen.

- Beauftragung lokaler Dienstleistungsunternehmen.

- Sponsoring von Entwicklungen.

- Bezahlen für kommerzielle Lizenzen.

Diese Aktivität setzt voraus, dass man Open-Source-Projekte als vollwertige Produkte betrachtet, für die es sich zu zahlen lohnt, ähnlich wie für proprietäre Produkte - auch wenn sie in der Regel weitaus billiger sind.

Gelegenheitsbeurteilung

Das Ziel dieser Aktivität ist es, professionelle Unterstützung für Open-Source-Software zu gewährleisten, die in der Organisation verwendet werden. Dies hat mehrere Vorteile:

- Kontinuität des Dienstes durch rechtzeitige Fehlerkorrekturen.

- Serviceleistung durch bestmögliche Einrichtung.

- Klärung des rechtlichen/kommerziellen Stands der eingesetzten Software.

- Frühzeitiger Zugang zu Informationen.

- Stabile Finanzplanung.

Die Kosten hängen natürlich von den gewählten Wartungsverträgen ab. Ein weiterer Kostenpunkt könnte die Abkehr von Outsourcing an große Systemintegratoren zugunsten einer fein abgestimmten Auftragsvergabe an kompetente KMUs sein.

Fortschrittsbeurteilung

Die folgenden **Kontrollpunkte** zeigen den Fortschritt in dieser Aktivität:

- ☐ Der in der Organisation verwendete Open-Source-Code wird durch gewerbliche Unterstützung abgesichert.

- ☐ Für einige Open-Source-Projekte wurden Wartungsverträge abgeschlossen.

- ☐ Die Kosten für Open-Source-Wartungsverträge sind ein zulässiger Posten im IT-Haushalt.

Empfehlungen

- Suchen Sie, wann immer es möglich ist, kompetente KMU vor Ort.

- Hüten Sie sich vor großen Systemintegratoren, die Fachwissen von Dritten weiterverkaufen (Weiterverkauf von Wartungsverträgen die eigentlich von erfahrenen Open-Source-KMU angeboten werden).

Hilfsmittel

Einige Verknüpfungen zur Verdeutlichung der kommerziellen Realität von Open-Source-Software:

- Die Sicht eines Investors auf die Entwicklung von Open-Source-Projekten von der Gemeinschaft zum Unternehmen (https://a16z.com/2019/10/04/commercializing-open-source/).

- Eine schnelle Lektüre zum Verständnis von kommerziellem Open Source (https://www.webiny.com/blog/what-is-commercial-open-source).

7.5 Open-Source-Beschaffungspolitik

Verknüpfung zum GitLab-Ticket: https://gitlab.ow2.org/ggi/ggi-castalia/-/issues/43.

Beschreibung

Bei dieser Aktivität geht es um die Einrichtung eines Verfahrens zur Auswahl, zum Erwerb und zur Beschaffung von Open-Source-Software und -Diensten. Es geht auch darum, die tatsächlichen Kosten von Open-Source-Software zu bedenken und sie bereitzustellen. OSS mag auf den ersten Blick "kostenlos" sein, aber sie ist nicht ohne interne und externe Kosten wie Einbindung, Schulung, Wartung und Unterstützung.

Eine solche Politik erfordert, dass sowohl Open-Source- als auch proprietäre Lösungen gleichermaßen bedacht werden bei der Bewertung des Preis-Leistungs-Verhältnisses als bestmögliche Kombination von Gesamtbetriebstkosten (TCO) und Güte. Daher sollte die IT-Beschaffungsabteilung die Möglichkeiten von Open Source aktiv und fair bedenken und gleichzeitig sicherstellen, dass proprietäre Lösungen bei Kaufentscheidungen gleichberechtigt berücksichtigt werden.

Wenn es keinen wesentlichen Kostenunterschied zwischen proprietären und Open-Source-Lösungen gibt, kann die Bevorzugung von Open Source ausdrücklich auf der innewohnenden Freiheit der Open Source-Lösung begründet sein.

Beschaffungsabteilungen müssen verstehen, dass Unternehmen, die Unterstützung für OSS anbieten, in der Regel nicht über die kommerziellen Mittel verfügen, um an Beschaffungswettbewerben teilzunehmen und ihre Open-Source-Beschaffungspolitik und -verfahren entsprechend anpassen.

Gelegenheitsbeurteilung

Mehrere Gründe rechtfertigen die Bemühungen um eine besondere Open-Source-Beschaffungspolitik:

- Das Angebot an kommerzieller Open-Source-Software und -Dienstleistungen wächst und kann nicht ignoriert werden und erfordert die Einführung spezieller Beschaffungsstrategien und -verfahren.

- Es gibt ein wachsendes Angebot an äußerst wettbewerbsfähigen kommerziellen Open-Source-Unternehmenslösungen für Unternehmensinformationssysteme.

- Selbst nach der Übernahme einer kostenlosen OSS-Komponente und deren Einbindung in eine Anwendung müssen eigene oder fremde Mittel für die Pflege dieses Quellcodes bereitgestellt werden.

- Die Gesamtbetriebskosten (TCO) sind bei FOSS-Lösungen oft (aber nicht unbedingt) niedriger: keine Lizenzgebühren beim Kauf/Upgrade, offener Markt für Dienstleister, die Möglichkeit, einen Teil oder die gesamte Software selbst bereitzustellen.

Fortschrittsbeurteilung

Die folgenden **Kontrollpunkte** zeigen den Fortschritt in dieser Aktivität:

- ☐ Neue Aufforderungen zur Einreichung von Vorschlägen fordern vorausschauend die Einreichung von Open-Source-Lösungen.

- ☐ Die Beschaffungsabteilung verfügt über eine Methode zur Bewertung von Open-Source-gegenüber proprietären Lösungen.

- ☐ Ein vereinfachtes Beschaffungsverfahren für Open-Source-Software und -Dienstleistungen wurde eingeführt und dokumentiert.

- ☐ Ein Genehmigungsprozess, der sich auf bereichsübergreifendes Fachwissen stützt, wurde definiert und dokumentiert.

Empfehlungen

- "Stellen Sie sicher, dass Sie bei der Erstellung des Verfahrens das Fachwissen Ihrer IT-, DevOps-, Cybersicherheits-, Risikoverwaltungs- und Beschaffungsteams nutzen." (aus [5 Open Source Procurement Best Practices] (https://anchore.com/blog/5-open-source-procurement-best-practices/)) (https://anchore.com/blog/5-open-source-procurement-best-practices/)).

- Das Wettbewerbsrecht kann verlangen, dass "Open Source" nicht ausdrücklich erwähnt wird.

- Wählen Sie die Technologie im Voraus aus und führen Sie dann eine Ausschreibung für Anpassungs- und Unterstützungsdienste durch.

Hilfsmittel

- Decision factors for open source software procurement (http://oss-watch.ac.uk/resource s/procurement-infopack): nicht neu, aber dennoch sehr lesenswert von unseren Kollegen von OSS-watch in Großbritannien. Sehen Sie sich die Folien (http://oss-watch.ac.uk/files/ procurement.odp) an.

- 5 Open Source Procurement Best Practices (https://anchore.com/blog/5-open-source-proc urement-best-practices/): ein kürzlich erschienener Artikel über Open-Source-Beschaffung mit nützlichen Hinweisen.

8 Strategieziel-Aktivitäten

8.1 Aufstellung einer Strategie für die Verwaltung von Open Source im Unternehmen

Verknüpfung zum GitLab-Ticket: https://gitlab.ow2.org/ggi/ggi-castalia/-/issues/16.

Beschreibung

Die Festlegung einer übergeordneten Strategie für die Open-Source-Governance innerhalb des Unternehmens gewährleistet die Einheitlichkeit und Sichtbarkeit der Ansätze sowohl für die eigene Nutzung als auch für fremde Beiträge und die Beteiligung. Sie macht die Kommunikation des Unternehmens wirksamer, indem sie eine klare und gefestigte Vorstellung und Führung bietet.

Die Umstellung auf Open Source bringt zahlreiche Vorteile, aber auch einige Pflichten und eine Veränderung der Unternehmenskultur mit sich. Sie kann sich auf Geschäftsmodelle auswirken und die Art und Weise beeinflussen, wie eine Organisation ihren Wert und ihr Angebot darstellt, sowie ihre Haltung gegenüber ihren Kunden und Wettbewerbern.

Diese Aktivität enthält die folgenden Aufgaben:

- Einsetzung eines OSS-Beauftragten, der von der (obersten) Führungsebene gefördert und unterstützt wird.

- Aufstellung und Veröffentlichung eines klaren Fahrplans für Open Source mit erklärten Zielen und erwarteten Vorteilen.

- Stellen Sie sicher, dass die gesamte oberste Führungsebene darüber Bescheid weiß und danach handelt.

- Förderung von OSS innerhalb des Unternehmens: Ermutigung der Mitarbeiter zur Nutzung von OSS, Förderung von eigenen Vorhaben und des Wissensstandes.

- Förderung von OSS außerhalb des Unternehmens: durch offizielle Erklärungen und Mitteilungen sowie sichtbare Beteiligung an OSS-Vorhaben.

Die Festlegung, Veröffentlichung und Durchsetzung einer klaren und einheitlichen Strategie trägt auch dazu bei, dass sich alle Mitarbeiter im Unternehmen dafür einsetzen und weitere Vorhaben von Teams erleichtert werden.

Gelegenheitsbeurteilung

Es ist ein guter Zeitpunkt, um an dieser Aktivität zu arbeiten, wenn:

- Es keine abgestimmten Bemühungen des Führungspersonals gibt und Open Source immer noch als Ad-hoc-Lösung angesehen wird Lösung angesehen wird.

- Es bereits unternehmensinterne Vorhaben gibt, die aber nicht bis zu den oberen Ebenen der Führung durchdringen.

- Das Vorhaben ist bereits vor einiger Zeit ins Leben gerufen worden, stößt aber auf zahlreiche Hindernisse und bringt noch immer nicht die erwarteten Ergebnisse.

Fortschrittsbeurteilung

Die folgenden **Kontrollpunkte** zeigen den Fortschritt in dieser Aktivität:

- ☐ Es gibt eine klare Open-Source-Verwaltungs-Charta für das Unternehmen. Die Charta sollte enthalten:

    - was erreicht werden soll,

- für wen wir das tun,

- welche Befugnisse der/die Stratege(n) hat/haben und welche nicht.

☐ Ein Open-Source-Fahrplan ist weithin verfügbar und wird im gesamten Unternehmen anerkannt.

Empfehlungen

- Einrichtung einer Gruppe von Personen und Verfahren zur Festlegung und Überwachung der Verwaltung von Open Source innerhalb des Unternehmens.

- Stellen Sie sicher, dass es ein klares Bekenntnis der obersten Führungsebene zu den Open-Source-Vorhaben gibt.

- Kommunizieren Sie die Open-Source-Strategie innerhalb des Unternehmens, machen Sie sie zu einem wichtigen Anliegen und zu einer echten Unternehmensverpflichtung.

- Stellen Sie sicher, dass der Fahrplan und die Strategie von allen verstanden werden, von den Entwicklungsteams bis zur Geschäftsleitung und dem Infrastrukturpersonal.

- Kommunizieren Sie über ihre Fortschritte, damit man weiß, wo die Organisation bei ihrem Einsatz steht. Veröffentlichen Sie regelmäßig Updates und Kennzahlen.

Hilfsmittel

- Checklist and references for Open Governance (https://opengovernance.dev/).

- L'open source comme enjeu de souveraineté numérique, by Cédric Thomas, OW2 CEO, Workshop at Orange Labs, Paris, January 28, 2020 (https://www.ow2.org/download/OSS_Governance/Level_5/2001-OSSetSouveraineteNumerique-RC3.pdf) (french only).

- Eine Reihe von Anleitungen zur Verwaltung von Open Source im Unternehmen, von der Linux Foundation (https://todogroup.org/guides/).

- Ein schönes Beispiel für ein Open-Source-Strategiedokument der LF Energy-Gruppe (https://www.lfenergy.org/wp-content/uploads/sites/67/2019/07/Open-Source-Strategy-V1.0.pdf)

8.2 Wahrnehmung auf Vorstandsebene

Verknüpfung zum GitLab-Ticket: https://gitlab.ow2.org/ggi/ggi-castalia/-/issues/34.

Beschreibung

Die Open-Source-Vorhaben des Unternehmens werden nur dann ihren strategischen Nutzen entfalten, wenn sie auf höchster Ebene durchgesetzt werden, indem das Open-Source-Selbstverständnis in die Strategie und die innere Arbeitsweise des Unternehmens eingebunden wird. Ein solches Engagement kann nur stattfinden, wenn die höheren Führungskräfte und die oberste Leitung selbst ein Teil davon sind. Die Ausbildung und die Denkweise in Bezug auf Open Source müssen auch auf diejenigen ausgedehnt werden, die die Politik, die Entscheidungen und die Gesamtstrategie sowohl innerhalb als auch außerhalb des Unternehmens gestalten.

Dieses Engagement stellt sicher, dass praktische Verbesserungen, Veränderungen in der Denkweise und neue Vorhaben von der Hierarchie konsequent, wohlwollend und nachhaltig unterstützt werden, was zu einer stärkeren Beteiligung der Arbeitnehmer führt. Es prägt das Bild, das Außenstehende von der Organisation haben und bringt Vorteile für den Ruf und das Ökosystem. Sie ist auch ein Mittel, um das Vorhaben und seine Vorteile mittel- und langfristig zu festigen.

Gelegenheitsbeurteilung

Diese Tätigkeit ist von wesentlicher Bedeutung, wenn:

- Die Organisation hat sich umfassende Ziele für die Verwaltung von Open Source gesetzt, tut sich aber schwer, diese zu erreichen. Es ist unwahrscheinlich, dass die Vorhaben ohne gute Kenntnisse und ein klares Engagement der höheren Führungsebene etwas erreichen können.

- Die Initiative ist bereits angelaufen und macht Fortschritte, aber die höheren Ebenen der Hierarchie verfolgen sie nicht richtig.

Es sollte hoffentlich deutlich werden, dass die Nutzung von Open Source nicht nur ad hoc erfolgt, sondern angesichts der Vielzahl von Teams und des kulturellen Wandels, den sie mit sich bringen kann, einen beständigen und gut durchdachten Ansatz erfordert.

Fortschrittsbeurteilung

Die folgenden **Kontrollpunkte** zeigen den Fortschritt in dieser Aktivität:

- ☐ Es gibt ein beauftragtes Verwaltungs-Büro oder einen -Beauftragten, das/der befugt ist, eine einheitliche Open-Source-Strategie für das gesamte Unternehmen festzulegen und sicherzustellen, dass der Geltungsbereich klar ist.

- ☐ Es gibt ein klares, verbindliches Bekenntnis der Hierarchie zur OSS-Strategie.

- ☐ Es gibt eine transparente Kommunikation der Hierarchie über ihr Engagement für das Programm.

- ☐ Die Hierarchie steht für Gespräche über Open-Source-Software zur Verfügung. Sie kann hinsichtlich ihrer Versprechen befragt und herausgefordert werden.

- ☐ Es gibt ein angemessenes Budget und eine angemessene Finanzierung für das Vorhaben.

Empfehlungen

Beispiele für Maßnahmen im Zusammenhang mit dieser Aktivität sind:

- Durchführung von Schulungen zur Entzauberung von OSS für die Vorstandsebene.

- Einholung ausdrücklicher, praktischer Unterstützung für die OSS-Nutzung und -Strategie.

- Ausdrückliche Erwähnung und Befürwortung des OSS-Programms in der internen Kommunikation.

- Ausdrückliche Erwähnung und Befürwortung des OSS-Programms in der öffentlichen Kommunikation.

Open Source ist ein *strategischer Wegbereiter*, der die Unternehmenskultur prägt. Was bedeutet das?

- Open Source kann als Verfahren zur Unterbrechung der Lieferkette und zur Senkung der Softwarebeschaffungskosten genutzt werden.

  - Sollte Open Source in den Zuständigkeitsbereich von *Software-Anlagenverwalter* oder *Einkaufsabteilungen* fallen?

- Open-Source-Lizenzen verankern die Freiheiten, die die Vorteile von Open Source ausmachen, aber sie sind auch mit Verpflichtungen verbunden. Wenn sie nicht angemessen erfüllt werden, können die Verpflichtungen rechtliche, wirtschaftliche Risiken und solche für den Ruf eines Unternehmens mit sich bringen.

  - Gewähren Lizenzbedingungen Einblick in Bereiche des Codes, die vertraulich bleiben sollten?

                    53

- – Wird sich dies auf das Patentportfolio meiner Organisation auswirken?

- – Wie sollten Projektteams zu diesem Thema geschult und unterstützt werden?

- Der Beitrag zu fremden Open-Source-Projekten ist der größte Wert von Open Source.

  - – Wie sollte mein Unternehmen dies fördern (und erfassen)?

  - – Wie sollten Entwickler GitHub, GitLab, Slack, Discord, Telegram oder eines der anderen Werkzeugen nutzen, die in Open-Source-Projekten üblicherweise verwendet werden?

  - – Kann sich Open Source auf die Personalpolitik des Unternehmens auswirken?

- Natürlich geht es nicht nur darum, einen Beitrag zu leisten, was ist mit meinen eigenen Open-Source-Projekten?

  - – Bin ich bereit für *offene* Innovation?

  - – Wie werden meine Projekte mit *eingehenden* Beiträgen umgehen?

  - – Sollte ich mir die Mühe machen, eine Community für ein bestimmtes Projekt aufzubauen?

  - – Wie sollte ich die Community leiten, welche Rolle sollten die Community-Mitglieder haben?

  - – Bin ich bereit, Entscheidungen über den Fahrplan an eine Community abzutreten?

  - – Kann Open Source ein wertvolles Werkzeug sein, um die Abschottung zwischen den Unternehmensteams zu verringern?

  - – Muss ich den Austausch von Open Source von einer Unternehmenseinheit zur anderen regeln?

8.3 Open Source und die digitale Souveränität

Verknüpfung zum GitLab-Ticket: https://gitlab.ow2.org/ggi/ggi-castalia/-/issues/35 .

Beschreibung

Digitale Souveränität kann beschrieben werden als

> "Fähigkeit und Möglichkeit von Einzelpersonen und Einrichtungen, ihre Rolle(n) in der digitalen Welt digitalen Welt selbstständig, zielgerichtet und sicher wahrzunehmen." - Kompetenzzentrum für öffentliche IT, Deutschland

Um seine Geschäfte ordnungsgemäß führen zu können, ist jedes Unternehmen auf Partner, Dienstleistungen, Produkte und Werkzeuge angewiesen. Die Überprüfung der Bindungen und Zwänge dieser Abhängigkeiten ermöglicht es der Organisation, ihre Abhängigkeit von äußeren Gegebenheiten zu bewerten und zu kontrollieren und so ihre Unabhängigkeit und Widerstandsfähigkeit zu verbessern.

So ist beispielsweise die Abhängigkeit von einem bestimmten Anbieter ein starker Umstand, der die Abläufe und den Mehrwert eines Unternehmens beeinträchtigen kann und daher vermieden werden sollte. Open Source ist eine der Arten, diese Beschränkung zu überwinden. Open Source spielt eine wichtige Rolle bei der digitalen Souveränität, da es eine größere Auswahl an Lösungen, Anbietern und Integratoren sowie eine größere Kontrolle über die IT-Fahrpläne ermöglicht.

Es sei darauf hingewiesen, dass digitale Souveränität keine Frage des Vertrauens ist: Natürlich müssen wir unseren Partnern und Anbietern vertrauen, aber die Beziehung wird noch besser, wenn sie auf gegenseitigem Einverständnis und gegenseitiger Anerkennung beruht und nicht auf erzwungenen Verträgen und Zwängen.

Hier einige Vorteile einer besseren digitalen Souveränität:

- Verbesserung der Fähigkeit der Organisation, ihre eigenen Entscheidungen ohne Zwänge zu treffen.

- Verbesserung der Widerstandsfähigkeit des Unternehmens gegenüber außenstehenden Akteuren und Faktoren.

- Verbesserung der Verhandlungsposition im Umgang mit Partnern und Dienstleistern.

Gelegenheitsbeurteilung

- Wie schwierig/teuer ist es, von einer Lösung abzurücken?

- Könnten die Lösungsanbieter unerwünschte Bedingungen für ihren Dienst auferlegen (z. B. Lizenzwechsel, Vertragsänderungen)?

- Könnten die Lösungsanbieter ihre Preise einseitig erhöhen, nur weil wir keine andere Wahl haben?

Fortschrittsbeurteilung

Die folgenden **Kontrollpunkte** zeigen den Fortschritt in dieser Aktivität:

- ☐ Es gibt eine Bewertung der wichtigsten Abhängigkeiten für die Anbieter und Partner der Organisation.

- ☐ Es gibt einen Ausweichplan für diese ermittelten Abhängigkeiten.

- ☐ Es gibt eine erklärte Forderung nach digitaler Souveränität, wenn neue Lösungen untersucht werden.

Empfehlungen

- Ermitteln der wichtigsten Abhängigkeitsgefahren durch Dienstanbieter und Dritte.

- Führen Sie eine Liste von quelloffenen Alternativen für kritische Dienste.

- Hinzufügen einer Forderung nach digitaler Souveränität bei der Auswahl neuer Werkzeuge und Dienste, die innerhalb der Einrichtung verwendet werden.

Hilfsmittel

- A Primer on Digital Sovereignty & Open Source: part I (https://www.opensourcerers.org/2021/08/09/a-promer-on-digital-sovereignty/) and A Primer on Digital Sovereignty & Open Source: part II (https://www.opensourcerers.org/2021/08/16/a-primer-on-digital-sovereignty-open-source/), von der Open-Sourcerers Webseite.

- Ein hervorragender superuser.openstack.org-Artikel auf The Role of Open Source in Digital Sovereignty (https://superuser.openstack.org/articles/the-role-of-open-source-in-digital-sovereignty-openinfra-live-recap/). Ein ein kleiner Auszug:

  > Digitale Souveränität ist ein zentrales Anliegen des 21. Jahrhunderts, insbesondere für Europa. Open Source spielt eine wichtige Rolle bei der Verwirklichung digitaler Souveränität, indem es jedermann den Zugang zu den erforderlichen Technologien ermöglicht, aber auch indem es die für den Erfolg dieser Lösungen erforderliche Transparenz und Interoperabilität der Verwaltung bietet.

- Die Haltung der Europäischen Union zur digitalen Souveränität, aus der [Open Source Beobachtungsstelle (OSOR)](https://joinup.ec.europa.eu/collection/open-source-observatory-osor): Open Source, digitale Souveränität und Interoperabilität: Die Berliner Erklärung.

- UNICEFs Position über Open Source for Digital Sovereignty (https://www.unicef.org/innovation/stories/open-source-digital-sovereignty).

8.4 Open Source ermöglicht Innovation

Verknüpfung zum GitLab-Ticket: https://gitlab.ow2.org/ggi/ggi-castalia/-/issues/36.

Beschreibung

> Innovation ist die praktische Umsetzung von Ideen, die zur Einführung neuer Waren oder Dienstleistungen oder zur Verbesserung des Angebots an Waren oder Dienstleistungen führen.
>
> — Schumpeter, Joseph A.

Open Source kann ein Schlüsselfaktor für Innovation sein, durch Vielfalt, Zusammenarbeit und einen reibungslosen Austausch von Ideen. Menschen mit unterschiedlichem Hintergrund und aus verschiedenen Bereichen können unterschiedliche Blickwinkel einnehmen und neue, verbesserte oder sogar bahnbrechende Antworten auf bekannte Probleme geben. Man kann Innovation ermöglichen, indem man sich unterschiedliche Ansichten anhört und aktiv die offene Zusammenarbeit bei Projekten und Themen fördert.

In ähnlicher Weise ist die Beteiligung an der Ausarbeitung und Umsetzung offener Standards ein großartiger Förderer von bewährten Verfahren und Ideen zur Verbesserung der täglichen Arbeit des Unternehmens. Sie ermöglicht es dem Unternehmen auch, Innovationen dort voranzutreiben und zu beeinflussen, wo sie benötigt werden und verbessert seine globale Sichtbarkeit und seinen Ruf.

Durch Innovation ermöglicht Open Source nicht nur die Veränderung der Waren oder Dienstleistungen, die Ihr Unternehmen vermarktet, sondern auch das gesamte Ökosystem zu schaffen oder zu verändern, in dem Ihr Unternehmen gedeihen möchte.

Durch die Freigabe von Android als Open Source lädt Google beispielsweise Hunderttausende von Unternehmen ein, ihre eigenen Dienste auf der Grundlage dieser Open-Source-Technologie zu entwickeln. Google schafft damit ein ganzes Ökosystem, von dem alle Teilnehmer profitieren können. Natürlich sind nur sehr wenige Unternehmen mächtig genug, um aus eigener Kraft ein Ökosystem zu schaffen. Aber es gibt viele Beispiele für Bündnisse zwischen Unternehmen zur Schaffung eines solchen Ökosystems.

Gelegenheitsbeurteilung

Es ist wichtig, die Position Ihres Unternehmens im Vergleich zu seinen Wettbewerbern, Partnern und Kunden zu bewerten, da es für ein Unternehmen oft riskant wäre, sich zu weit von den Standards und Technologien zu entfernen, die von seinen Kunden, Partnern und Wettbewerbern verwendet werden. Innovation bedeutet natürlich, anders zu sein, aber die Unterschiede sollten nicht zu groß sein, da Ihr Unternehmen sonst nicht von den Softwareentwicklungen der anderen Unternehmen des Ökosystems und von den Geschäftsimpulsen, die das Ökosystem bietet, profitieren würde.

Fortschrittsbeurteilung

Die folgenden **Kontrollpunkte** zeigen den Fortschritt in dieser Aktivität:

- ☐ Die Technologien -- und die Communities, die sie entwickeln --, die einen Einfluss auf das Unternehmen haben sind ermittelt worden.

- ☐ Der Fortschritt und die Veröffentlichungen dieser Open-Source-Communities werden überwacht -- ich bin sogar über ihre Strategie informiert, bevor die Veröffentlichungen öffentlich gemacht werden.

☐ Mitarbeiter des Unternehmens sind Mitglieder (einiger) dieser Open-Source-Communities und beeinflussen deren Fahrpläne und technische Entscheidungen, indem sie Codezeilen beisteuern und in den Leitungsgremien dieser Communities mitwirken.

Empfehlungen

Von allen Technologien, die für den Betrieb Ihres Unternehmens notwendig sind, sollten Sie die ermitteln:

- die Technologien, die die gleichen sein könnten wie die Ihrer Konkurrenten,

- die Technologien, die ausschließlich für Ihr Unternehmen bestimmt sind.

Bleiben Sie bei neuen Technologien auf dem Laufenden. Open Source hat in den letzten zehn Jahren die Innovation vorangetrieben und viele leistungsstarke Werkzeuge stammen daher (denken Sie an Docker, Kubernetes, Apache Big Data-Projekte oder Linux). Niemand muss alles wissen, aber man sollte genug über den Stand der Technik wissen, um interessante neue Entwicklungen zu erkennen.

Erlauben Sie und ermutigen Sie andere, innovative Ideen einzubringen und diese voranzutreiben. Wenn möglich, geben Sie Mittel für diese Vorhaben aus und lassen Sie sie wachsen. Vertrauen Sie auf die Leidenschaft und den Willen der Menschen, neue Ideen und Trends zu entwickeln und zu fördern.

Hilfsmittel

- 4 innovations we owe to open source (https://www.techrepublic.com/article/4-innovations-we-owe-to-open-source/).

- The Innovations of Open Source (https://dirkriehle.com/publications/2019-selected/the-innovations-of-open-source/), von Professor Dirk Riehle.

- Open source technology, enabling innovation (https://www.raconteur.net/technology/cloud/open-source-technology/).

- Can Open Source Innovation Work in the Enterprise? (https://www.threefivetwo.com/blog/can-open-source-innovation-work-in-the-enterprise).

- Europe: Open source software strategy (https://ec.europa.eu/info/departments/informatics/open-source-software-strategy_en#opensourcesoftwarestrategy).

- Europe: Open source software strategy 2020-2023 (https://ec.europa.eu/info/sites/default/files/en_ec_open_source_strategy_2020-2023.pdf).

8.5 Open Source ermöglicht die digitale Transformation

Verknüpfung zum GitLab-Ticket: https://gitlab.ow2.org/ggi/ggi-castalia/-/issues/37.

Beschreibung

"Die digitale Transformation (auch „digitaler Wandel") bezeichnet einen fortlaufenden, tiefgreifenden Veränderungsprozess in Wirtschaft und Gesellschaft, der durch die Entstehung immer leistungsfähigerer digitaler Techniken und Technologien ausgelöst worden ist." (deutsche Wikipedia)

Wenn die bei der digitalen Transformation am weitesten fortgeschrittenen Organisationen gemeinsam den Wandel durch ihre Geschäfts-, IT- und Finanzabteilung vorantreiben, um die Digitalisierung auf ihre Art zu verankern, überdenken sie:

- Geschäftsmodell: Wertschöpfungskette mit Ökosystemen, as a Service, SaaS.

- Finanzen: Opex/Capex, Mitarbeiter, Outsourcing.

- IT: Innovation, Legacy-/Anlagenmodernisierung.

Open Source ist das Herzstück der digitalen Transformation:

- Technologien, agile Verfahren, Produktverwaltung.

- Menschen: Zusammenarbeit, offene Kommunikation, Entwicklungs-/Entscheidungszyklen.

- Geschäftsmodelle: Testen und Kaufen, offene Innovation.

Im Hinblick auf die Wettbewerbsfähigkeit sind die Verfahren, die sich unmittelbar auf das Kundenerlebnis auswirken, wahrscheinlich am besten sichtbar. Und wir müssen erkennen, dass sowohl die großen Marktteilnehmer als auch die neu gegründeten Unternehmen die Erwartungen der Kunden drastisch verändert haben, indem sie ihnen ein noch nie dagewesenes Kundenerlebnis bieten.

Das Kundenerlebnis wie auch alle anderen Abläufe innerhalb eines Unternehmens hängen vollständig von der Informationstechnologie ab. Jedes Unternehmen muss seine Informationstechnologie umgestalten, darum geht es bei der digitalen Transformation. Unternehmen, die es noch nicht getan haben, müssen jetzt so schnell wie möglich ihre digitale Transformation vollziehen, sonst besteht die Gefahr, dass sie vom Markt verdrängt werden. Die digitale Transformation ist eine Voraussetzung für das Überleben. Da so viel auf dem Spiel steht, kann ein Unternehmen die digitale Transformation nicht vollständig einem Zulieferer überlassen. Jedes Unternehmen muss sich mit seiner Informationstechnologie auseinandersetzen, was bedeutet, dass jedes Unternehmen sich mit Open-Source-Software auseinandersetzen muss, denn ohne Open-Source-Software gibt es keine Informationstechnologie.

Erwartete Vorteile der digitalen Transformation sind unter anderem:

- Vereinfachung und Automatisierung von Kernverfahren und deren Umsetzung in Echtzeit.

- Ermöglichung schneller Reaktionen auf Veränderungen im Wettbewerb.

- Nutzung der Vorteile von künstlicher Intelligenz und Big Data.

Gelegenheitsbeurteilung

Die digitale Transformation könnte verwaltet werden von:

- IT-Bereiche: Produktions-IT, Business Support IT (CRM, Abrechnung, Beschaffung...), Unterstützungs-IT (Personalverwaltung, Finanzen, Buchhaltung...), Big Data.

- Art der Technologie oder des Verfahrens zur Unterstützung der IT: Infrastruktur (Cloud), künstliche Intelligenz, Prozesse (Make-or-Buy, DevSecOps, SaaS).

Die Einführung von Open Source in einem bestimmten Bereich oder einer bestimmten Technologie Ihrer IT zeigt, dass Sie in diesem Bereich oder dieser Technologie aktiv werden wollen, weil Sie der Meinung sind, dass dieser Bereich oder diese Technologie Ihrer IT wichtig für die Wettbewerbsfähigkeit Ihres Unternehmens ist. Es ist wichtig, die Lage Ihres Unternehmens nicht nur im Vergleich zu Ihren Wettbewerbern, sondern auch im Vergleich zu anderen Branchen und wichtigen Beteiligten in Bezug auf Kundenerfahrung und Marktlösungen zu bewerten.

Fortschrittsbeurteilung

1. Ebene 1: Situationsbeurteilung

- Ich habe festgestellt:

  - die IT-Bereiche, die für die Wettbewerbsfähigkeit meines Unternehmens wichtig sind und

  - die Open-Source-Technologien, die für die Entwicklung von Anwendungen in diesen Bereichen erforderlich sind. Und somit habe ich entschieden:

- in welchen Bereichen ich die Entwicklung von Projekten selbst übernehmen will und

- bei welchen Open-Source-Technologien ich eigenes Fachwissen aufbauen muss.

1. Level 2: Engagement

- Für einige ausgewählte Open-Source-Technologien, die im Unternehmen eingesetzt werden, wurden mehrere Entwickler geschult und werden von der Open-Source-Community als wertvolle Teilnehmer anerkannt. In einigen ausgewählten Bereichen wurden auf Open-Source-Technologien aufbauende Projekte gestartet.

1. Ebene 3: Verallgemeinerung

- Für alle Projekte wird bereits in der Anfangsphase des Projekts gezielt eine Open-Source-Alternative untersucht. Um den Projektteams die Untersuchung solcher Open-Source-Alternativen zu erleichtern, sind ein zentrales Budget und ein zentrales Architektenteam, das in der IT-Abteilung untergebracht ist, für die Unterstützung der Projekte vorgesehen.

Leistungskennzahlen

- Leistungskennzahl 1: Anteil der Projekte, für die eine Open-Source-Alternative untersucht wurde: (Anzahl der Projekte / Gesamtzahl der Projekte).

- Leistungskennzahl 2: Verhältnis, bei dem die Open-Source-Alternative gewählt wurde: (Anzahl der Projekte / Gesamtzahl der Projekte).

Empfehlungen

Abgesehen von der Überschrift ist die digitale Transformation eine Denkweise, die einige grundlegende Veränderungen mit sich bringt und diese sollten auch (oder sogar hauptsächlich) von den obersten Ebenen der Organisation ausgehen. Führungskräfte müssen Initiativen und neue Ideen fördern, Risiken handhaben und möglicherweise bestehende Verfahren überarbeiten, um sie an neue Ansätze anzupassen.

Leidenschaft ist ein wichtiger Erfolgsfaktor. Eines der von wichtigen Vertretern in diesem Bereich entwickelten Mittel ist die Einrichtung von offenen Bereichen für neue Ideen, in denen jeder seine Ideen zur digitalen Transformation einbringen und frei daran arbeiten kann. Die Leitung sollte solche Vorhaben fördern.

Hilfsmittel

- Eclipse Foundation: Enabling Digital Transformation in Europe Through Global Open Source Collaboration (https://outreach.eclipse.foundation/hubfs/EuropeanOpenSourceWhitePaper-June2021.pdf).

- Europe: Open source software strategy (https://ec.europa.eu/info/departments/informatics/open-source-software-strategy_en#opensourcesoftwarestrategy).

- Europe: Open source software strategy 2020-2023 (https://ec.europa.eu/info/sites/default/files/en_ec_open_source_strategy_2020-2023.pdf).

9 Fazit

9.1 Fahrplan

Auf dem Weg zum Zen der Open-Source-Good-Governance planen wir, nach der ersten Veröffentlichung an den folgenden Funktionen zu arbeiten:

- **Definieren von Rollen** für die Aktivitäten, damit Mitarbeiter entsprechend ihrem Auftrag und ihren Fähigkeiten an den Aufgaben arbeiten können. Dies wird dazu beitragen, die richtigen Aufgaben an die richtigen Personen zu vergeben und eine neue Sichtweise auf das Programm zu ermöglichen.

- **Verbesserung und Erweiterung des Abschnitts über die Verfahrensweise** anhand der von der Gemeinschaft gesammelten Rückmeldungen. Während der Arbeit an der Umsetzung der Good-Governance-Initiative werden die Open-Source-Beauftragten neue Erkenntnisse gewinnen und Erfahrungen sammeln, die uns dabei helfen werden, ein besseres Muster und eine bessere Methodik für den Wissensschatz zu entwickeln.

- **Verbesserung der anerkannten Aktivitäten** anhand der Rückmeldungen aus der Gemeinschaft und Aufnahme neuer Aktivitäten in das bestehende Angebot. Es werden bald weitere Interessengebiete für Open-Source-Good-Governance auftauchen, wenn andere anfangen, den Wissensfundus zu nutzen und dazu beizutragen.

- Berücksichtigen eines einfachen Verfahrens zum Nachbilden und Umsetzen des Verfahrens in Organisationen, mit einer installationsähnlichen Fähigkeit. Es sollte eine einfache Art und Weise geben, wie Menschen, die den Wissensfundus nutzen wollen, ihren persönlichen Bereich einrichten können, mit allem, was nötig ist, um Aktivitäten zu sortieren und Sprints zu definieren, Scorecards auszufüllen und sichtbar über Fortschritte zu berichten. Dazu könnte auch die Entwicklung einer Anwendung gehören, die die Umsetzung der Methodik unterstützt.

- Entwicklung von Anwendungsfällen, Vorlagen und Erfahrungsberichten, die auf typische Szenarien wie KMU, Großstädte, Universitäten, usw. abgestimmt sind.

Wir werden ein Forum in der OSPO.zone einrichten, um Nutzerrückmeldungen, Ideen, Unterstützungsdiskussionen, usw. zu sammeln.

9.2 Beitragen

Wir sind offen für Beiträge und alle unsere Aktivitäten sind offen und öffentlich. Wenn Sie sich beteiligen möchten, ist es am besten, sich auf der Mailingliste einzutragen und an der Diskussion teilzunehmen: http://mail.ow2.org/wws/subscribe/ossgovernance.

Die Good Governance Initiative ist eine Arbeitsgruppe, die in der OW2-Forge untergebracht ist:

- Das GGI-Ressourcenzentrum (https://www.ow2.org/view/OSS_Governance/) enthält eine Vielzahl von Materialien und Informationen aus der Anfangszeit der Initiative.

- Die Aktivitäten werden auf der GitLab-Instanz als Tickets (https://gitlab.ow2.org/ggi/ggi-castalia/-/boards/449) ausgearbeitet und überprüft.

- Diskussionen finden auf der öffentlichen GGI-Mailingliste (https://mail.ow2.org/wws/info/ossgovernance) statt und wir halten regelmäßige Treffen ab. Die Protokolle sind auf der Mailingliste verfügbar und die Treffen sind für jeden zugänglich.

Um zum GGI-Ressourcenzentrum und zu den GitLab-Aktivitäten beizutragen, folgen Sie bitte diesen Anweisungen:

- Erstellen Sie Ihr OW2-Benutzerkonto unter https://www.ow2.org/view/services/registration

- Melden Sie sich einmalig unter https://www.ow2.org/ an.

- Um das Ressourcenzentrum (https://www.ow2.org/view/OSS_Governance/): zu bearbeiten: Senden Sie uns Ihren Benutzernamen, und wir werden Ihnen den entsprechenden Zugang gewähren.

- Um auf die GitLab-Gruppe zuzugreifen: Melden Sie sich einmalig unter https://gitlab.ow2.org mit Ihren OW2-Zugangsdaten an, teilen Sie uns das mit und wir gewähren Ihnen Zugang zur GGI-Gruppe in GitLab.

- Für den Zugang zu Rocket.Chat müssen Sie:

    - Melden Sie sich mindestens einmal auf https://gitlab.ow2.org mit Ihren OW2-Zugangsdaten an.

    - Öffnen Sie Rocket.Chat und wählen Sie einen Rocket.Chat-Benutzernamen, wenn Sie dazu aufgefordert werden.

    - Gehen Sie zum Kanal #general und fragen Sie dort nach dem Zugang zum GGI-Kanal.

    - Sobald der Zugang gewährt wurde, sollten Sie in der Lage sein, auf den #good-governance-Channel zuzugreifen.

9.3 Kontakt

Am besten können Sie mit der OW2 Good Governance Initiative in Kontakt treten, indem Sie auf der Mailingliste unter http://mail.ow2.org/wws/subscribe/ossgovernance posten.

Für administrative Anfragen können Sie die GGI-Initiative unter https://www.ow2.org/view/About/Management_Office erreichen.

10 Anhang: Vorlage für eine maßgeschneiderte Aktivitäts-Scorecard

Die neueste Version der Vorlage für die maßgeschneiderte Aktivitäts-Scorecard ist im Abschnitt "Ressourcen" des Good Governance Initiative GitLab (https://gitlab.ow2.org/ggi/ggi) unter OW2 verfügbar.

<table>
<tr><td>OW2 OSS Good Governance-Initiative</td><td>DAS GUTE BEISPIEL-UNTERNEHMEN</td><td>Angepasste Aktivitäts-Scorecard</td></tr>
</table>

Ziel/Aktivität Kultur 1	**Open-Source-Entwicklung und bewährte Verfahren fördern**	**Letzte Änderung** 07/28/21

Angepasste Beschreibung *Umfang der erforderlichen Maßnahmen*

Kurze grundlegende Beschreibung...
- Kurze Höhepunkte..
-

Gelegenheitsbeurteilung *Warum ist diese Aktivität maßgeblich*
- Wesentliche Schmerzpunkte...
- Wesentliche Fortschrittsgelegenheiten...

Ziele *Was wir in dieser Iteration erreichen möchten*
- Ziel 1...
- Ziel 2...

Werkzeuge *Technologien, Werkzeuge und Produkte, die in der Aktivität verwendet werden*
- Hilfsmittel...

Betriebliche Anmerkungen *Herangehensweise, Methode in der Aktivität voranzukommen*
- Beginnen mit...
-

Schlüsselergebnis *Wie wir den Erfolg in dieser Iteration messen werden*	**Fortschritt**	**Punkte**	**Persönliche Beurteilung**
1. Schlüsselergebnis 1 (min. ein Schlüsselergebnis)	xx%	0,9	Persönlicher Kommentar
2. Schlüsselergebnis 2	xx%	0,5	Persönlicher Kommentar
3. Schlüsselergebnis 3	xx%	0,5	Persönlicher Kommentar
4. Schlüsselergebnis 4 (max. vier Schlüsselergebnisse)	xx%	0,0	Persönlicher Kommentar
		0,475	

Zeitplan *Start- und Enddaten, Zwischenziele*
- Datumsangabe hier

Aufwand *Zeit- und Materialbudget*
- *Zeitzuweisung über die nächsten drei Monate*
- *Budgetvorgabe*

Beauftragte *Wer nimmt teil? Leiter*
- XX soll die interne Präsentation vorbereiten

Probleme *Schwierigkeiten, Ungewissheiten, Hindernisse, Aufmerksamkeitsfaktoren, Abhängigkeiten*
- Bedenken 1...
- Bedenken 2...

Stand *Wie es der Aktivität geht*

Persönlicher Kommentar zur Verfassung der Aktivität

Fortschritts-Gesamtbewertung	**XX%**

Anmerkungen

ISBN 978-2-493906-01-4

Editing by:
OW2, 7 rue de Phalsbourg, 75017 Paris - FRANCE.

Printed and bound by:
Lulu Press Inc., 627 Davis Drive, Suite 300, Morrisville, NC 27607 - USA.
First printing August 2022.

MENTIONS LEGALES FRANCE :

Achevé d'imprimer en Août 2022
par Lulu Press Inc., 627 Davis Drive, Suite 300, Morrisville, NC 27607 - ETATS-UNIS.

Dépôt légal 3è trimestre 2022.